1+X职业技能等级证书(智能制造系统集成应用)配套教材

# 智能制造系统集成应用

## (初级)

组　编　山东栋梁科技设备有限公司
主　编　曾照香　易贵平　刁秀珍
副主编　翟旭军　李轩青　王雨舟
　　　　黄贤振　孙怀华　赵　霞
参　编　钱英军　冯　骥　申小玲　胡　颖
　　　　王桂锋　王智勇　屈东坡　周　莉
　　　　胡绪志　王　飞　孙丽萍　刘　涛
　　　　彭　琛　韩　刚
主　审　蒋作栋

机械工业出版社

《智能制造系统集成应用》系列教材分为初级、中级、高级三册，为满足 1+X 职业技能等级证书（智能制造系统集成应用）职业技能培训和智能制造类专业技术技能人才培养需求而编写，本书为其中的初级分册。本书以工作任务为驱动，以生产过程为引导，以“岗课赛证”融通为应用，以“六步工作法”新型活页式教材为形式，以职业技能等级证书培训考核配套设备“智能制造集成应用平台 DLIM-441”为载体，介绍了智能制造系统设备层面的安装、调试和基本操作，包括智能制造系统认知，数控机床单元安装与调试、工业机器人单元安装与调试、智能制造系统其他单元安装与调试、智能制造系统各单元基本操作，智能制造系统维护保养，智能制造系统仿真软件的应用，共 7 个学习项目，23 个学习任务。

本书可作为中等职业教育、高等职业教育的机电设备类、自动化类、机械设计制造类等相关专业的学生课程学习、教师教学指导、1+X 证书培训的教材，也可作为从事智能制造技术相关工作的工程技术人员、生产技术人员、社会学习者的学习参考资料。

本书配有知识资料、视频等二维码教学资源和 PPT 课件，凡选用本书作为授课教材的教师，均可来电（010-88379375）或者登录机械工业出版社教育服务网（www.cmpedu.com）注册下载。

**图书在版编目（CIP）数据**

智能制造系统集成应用：初级 / 山东栋梁科技设备有限公司组编；曾照香，易贵平，刁秀珍主编．—北京：机械工业出版社，2022.8

1+X 职业技能等级证书（智能制造系统集成应用）配套教材

ISBN 978-7-111-71301-2

Ⅰ．①智…　Ⅱ．①山…　②曾…　③易…　④刁…　Ⅲ．①智能制造系统 - 职业技能 - 鉴定 - 教材　Ⅳ．① TH166

中国版本图书馆 CIP 数据核字（2022）第 136182 号

机械工业出版社（北京市百万庄大街 22 号　邮政编码 100037）
策划编辑：王宗锋　　　　责任编辑：王宗锋　苑文环
责任校对：樊钟英　刘雅娜　封面设计：鞠　杨
责任印制：刘　媛
涿州市般润文化传播有限公司印刷
2022 年 10 月第 1 版第 1 次印刷
184mm × 260mm · 17 印张 · 493 千字
标准书号：ISBN 978-7-111-71301-2
定价：59.50 元

电话服务　　　　　　　　　网络服务
客服电话：010-88361066　　机　工　官　网：www.cmpbook.com
　　　　　010-88379833　　机　工　官　博：weibo.com/cmp1952
　　　　　010-68326294　　金　　书　　网：www.golden-book.com
**封底无防伪标均为盗版**　　　机工教育服务网：www.cmpedu.com

# 1+X 职业技能等级证书（智能制造系统集成应用）配套系列教材（初级、中级、高级）

## 编审委员会

# 前 言

在科技发展日新月异的今天，随着数字化、网络化、智能化技术的发展，智能制造应运而生。作为制造领域的顶级生态模式，智能制造达到了目前人类所能想象的制造水平的最高境界，在全球范围内发展势头之猛超出了人们的想象，从德国“工业 4.0”、美国“工业互联网”、日本“智能制造系统”，到我国的《中国制造 2025》，世界各国纷纷抢占制高点。智能制造所引发的不仅是技术突破和传统产业改造，而且是在产品生产、管理和服务全过程中生产方式、人机关系和商业模式的彻底变革，并将对社会生产、人类生活和历史进步产生巨大的推动作用。

在智能制造产业蓬勃发展之际，智能制造技术应用领域人才培养成为职业教育的重要任务，其中，制定职业技能等级标准，设立相关领域的职业技能等级证书，开展职业教育与职业技能培训，开发基于典型工作任务和职业标准的课程与教材，实施工作任务导向的教学进程，是人才培养工作的需要，“岗课赛证”融通的必要、1+X 证书制度的要求，也是本系列教材编制的出发点和落脚点。

1+X 职业技能等级证书“智能制造系统集成应用”由济南二机床集团有限公司作为培训评价组织开发立项，山东栋梁科技设备有限公司作为《智能制造系统集成应用职业技能等级标准》主要起草单位，组织编写了本套对应职业技能等级标准、具有“岗课赛证”融通特色的活页式系列教材。

《智能制造系统集成应用》系列教材对应职业技能等级，分为初级、中级、高级三册，由校企合作编写，是面向工业机器人、数控机床、智能制造产线等智能设备制造企业、智能制造系统集成企业、智能制造设备及生产线应用企业的岗位需求，以契合工作领域、完成工作任务和提高职业能力为目标，按照专业人才培养目标和职业技能等级标准，以项目学习、任务驱动为架构，以“六步工作法”工作过程为引导，以职业技能等级证书培训考核配套设备“智能制造集成应用平台 DLIM-441”为载体，以“任务页—信息页—计划页—决策页—实施页—检查页—评价页—知识页”为结构的系列活页式教材，配备二维码教学资源和 PPT 课件，将学习与工作融为一体推进学习进程，使学习者在完成任务过程中获得智能制造系统集成应用领域相关职业的知识、能力及素养。

《智能制造系统集成应用》系列教材中的初级、中级、高级三册具有职业能力成长进阶关系，并分别与智能制造系统集成应用职业技能等级标准初级、中级、高级相对应，可作为中等职业教育、高等职业教育（高职专科、高职本科）、应用型本科教育的机电设备类、自动化类、机械设计制造类等相关专业的学生课程学习、教师教学指导、1+X 证书培训的教材，也可作为从事智能制造技术相关工作的工程技术人员、生产技术人员、社会学习者的学习参考资料，是课程学习、能力培养、证书培训与考核的必备教材。

本书由职业院校专家、骨干教师、行业专家、企业工程师共同策划和编写，主要编写人员有曾照香、易贵平、刁秀珍、翟旭军、李轩青、王雨舟、黄贤振、孙怀华、赵霞、钱英军、冯骥、申小玲、胡颖、王桂锋、王智勇、屈东坡、周莉、胡绪志、王飞、孙丽萍、刘涛、彭琛、韩刚，由烟台职业学院刘敏和湖北铁道运输职业学院冯骥统稿，山东栋梁科技设备有限公司蒋作栋主审。感谢各院校和企业对本书编写工作的支持！感谢各位编者和专家的辛勤工作！

受编者编写水平所限，书中难免有不当之处，欢迎读者批评指正。

编 者

# 二维码清单

| 名称 | 图形 | 页码 | 名称 | 图形 | 页码 |
|---|---|---|---|---|---|
| 初级任务 01 知识页 – 智能制造发展概述 | | 10 | 初级任务 09 知识页 –AGV 基础知识 | | 99 |
| 初级任务 02 知识页 – 智能制造系统集成应用平台知识 | | 22 | 初级任务 10 知识页 – 机械手基础知识 | | 109 |
| 初级任务 03 知识页 – 智能制造系统安全防控相关知识 | | 32 | 初级任务 11 知识页 – 工业相机视觉系统基础知识 | | 120 |
| 初级任务 04 知识页 – 气动系统知识，数控加工知识 | | 43 | 初级任务 12 知识页 – 光电开关、接近开关的工作原理及安装调试方法 | | 129 |
| 初级任务 05 知识页 – 摄像头应用知识 | | 55 | 初级任务 13 知识页 –RFID 基础知识 | | 139 |
| 初级任务 06 知识页 – 数控机床在线测量装置基本知识 | | 66 | 初级任务 14 知识页 –K1000 MC 数控铣床操作知识 | | 150 |
| 初级任务 07 知识页 – 工业机器人基础知识 | | 77 | 初级任务 15 知识页 – 工业机器人操作基础知识 | | 162 |
| 初级任务 08 知识页 – 工业机器人控制系统基础知识 | | 88 | 初级任务 16 知识页 – 博途软件安装及调试方法 | | 172 |

（续）

| 名称 | 图形 | 页码 | 名称 | 图形 | 页码 |
|---|---|---|---|---|---|
| 初级任务 17 知识页 – 触摸屏组态软件概述、MCGS 软件编程简介 | | 181 | 视频 03：工业机器人单元控制系统安装 | | 88 |
| 初初级任务 18 知识页 –MES 基础知识、MES 产品开发与部署 | | 190 | 视频 04：AGV 磁条安装 | | 99 |
| 初级任务 19 知识页 – 数控机床的日常保养与维护知识 | | 201 | 视频 05：视觉系统安装 | | 120 |
| 初级任务 20 知识页 – 工业机器人安全使用与日常保养维护 | | 213 | 视频 06：RFID 安装测试 | | 139 |
| 初级任务 21 知识页 – 智能制造系统日常维护知识 | | 229 | 视频 07：工业机器人示教器编程 | | 162 |
| 初级任务 22 知识页 – 数字化双胞胎技术简介 | | 241 | 视频 08：了解数字化双胞胎 | | 241 |
| 初级任务 23 知识页 – 数字化仿真软件使用知识 | | 257 | 视频 09：数字化双胞胎技术软件介绍 | | 241 |
| 视频 01：零件加工智能制造系统工作过程 | | 22 | 视频 10：PLC 与数字化双胞胎软件 IO 地址映射 | | 257 |
| 视频 02：数控加工中心防护门动作 | | 43 | | | |

# 目 录

# 项目 1

# 智能制造系统认知

| 项目 1　智能制造系统认知 | | 任务 1 ～ 任务 3 | |
|---|---|---|---|
| 姓名： | 班级： | 日期： | 项目页 |

## 项目导言

本项目以智能制造系统认知为学习目标，对相关的智能制造发展历史、智能制造系统主要组成与功能、智能制造系统安全防控与应急处理的学习内容分别进行了学习和部署，针对各学习任务给出了任务要求、学习目标、工作步骤、评价方案、学习资料等工作要求和学习指导。

## 项目任务

1. 了解智能制造的概念与发展历史。
2. 了解智能制造系统的主要组成与功能。
3. 掌握智能制造系统安全防控与应急处理方法。

## 项目学习摘要

# 任务1　智能制造历史了解

| 项目1　智能制造系统认知 | | 任务1　智能制造历史了解 | |
|---|---|---|---|
| 姓名： | 班级： | 日期： | 任务页1 |

## 学习任务描述

智能制造已成为全球制造业的发展趋势，是新一轮工业革命的核心。在机械加工智能制造领域，已大量运用数控机床、工业机器人、智能传感与控制装备、视觉检测装备、AGV智能物流、智能仓储装备等智能制造关键技术装备进行系统集成与应用，体现了自动化、数字化、网络化、集成化、智能化的智能制造理念和功能，涉及智能控制技术、数控技术、工业机器人技术、气动技术、传感器技术、机电一体化技术、软件技术、在线测量技术及生产系统管理等领域的知识和技能。

本学习任务要求通过学习智能制造的发展历史，了解智能制造的概念和国内外发展现状，明白智能制造对我国经济发展的重大意义，并对我国目前的智能制造装备有一个总体认识和了解，认识到我国是工业制造大国，目前正处于工业智能化的起步发展进程中。在信息技术日新月异的今天，我国需要走新型工业化道路，大力发展智能制造技术，实现制造业转型、技术突破和经济超越，沿智能制造高端技术路径向制造强国目标迈进。

## 学习目标

1）通过信息查询获得关于智能制造技术和应用的基本概念。

2）班级讨论：你认为智能制造应该是什么样子的。

3）通过小组合作，完成对世界主要国家智能制造发展规划的资料收集，通过对比我国智能制造的快速发展，培养民族自豪感。

4）在教师指导下，使用思维导图软件完成智能制造的发展框图，了解国外优势和国内技术发展的差距，树立努力学习、报效祖国的决心。

5）在教师指导下，了解智能制造系统的主要结构组成。

6）通过小组合作，思考并尝试制订简单的印刷工作智能改造方案和工作计划，并培养严谨、认真的职业素养。

7）小组进行互评，解决在学习智能制造的概念和发展历史等内容时存在的问题，锻炼分析问题的能力。

| 项目 1　智能制造系统认知 | | 任务 1　智能制造历史了解 | |
|---|---|---|---|
| 姓名： | 班级： | 日期： | 任务页 2 |

## 任务书

请通过课前预习了解智能制造的作用和意义。可以思考我国“四大发明”之一的活字印刷术的工作流程，从一摞白纸成为一本书籍的印刷有哪些步骤，通过分组进行任务分工，让自己担任由传统工人到现代工匠的角色，并负责其中的某个工序，思考每个流程的作用。如果使用现代科技，哪些工序可以变得简单？实现印刷书籍的智能制造，并收集相关资料，制作智能制造的发展历史思维导图。也可以以单个字模零件加工为切入点，思考如何从手工加工、普通机床加工到数控机床加工、智能制造生产线加工，了解智能制造的历史发展进程。传统字模形式与现代字模加工如图 1-1 所示。

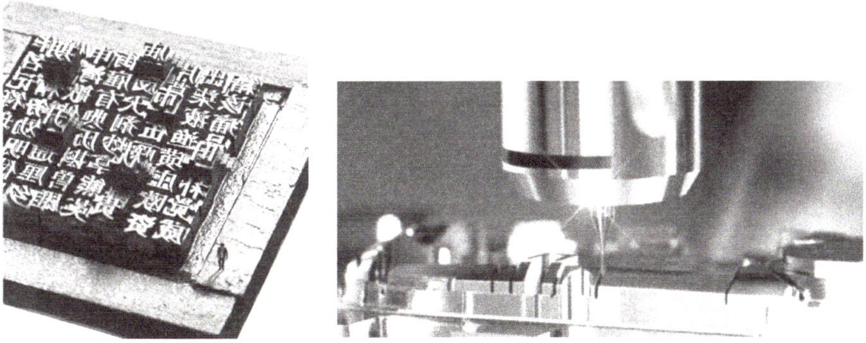

a) 传统字模形式　　b) 现代字模加工

图 1-1　传统字模形式与现代字模加工

## 任务分组

将班级学生分组，可 4 ～ 8 人为一组，轮值安排组长，使每个人都有培养组织协调能力和管理能力的机会。各组任务可以相同或不同，明确每组的人员和任务分工，注意培养团队协作能力。任务分工表见表 1-1。

表 1-1　任务分工表

| 班级 | | 组号 | | 任务 | |
|---|---|---|---|---|---|
| 组长 | | 时间段 | | 指导教师 | |
| 姓名 | 学号 | 任务分工 | | | 备注 |
| | | | | | |
| | | | | | |
| | | | | | |
| | | | | | |
| | | | | | |
| | | | | | |
| | | | | | |

| 项目 1　智能制造系统认知 | | 任务 1　智能制造历史了解 | |
|---|---|---|---|
| 姓名： | 班级： | 日期： | 信息页 |

## 获取信息

？引导问题 1：查阅资料，了解智能制造的发展历程。

？引导问题 2：查阅资料，学习了解智能制造的概念。

？引导问题 3：思考分析智能制造系统的主要组成部分。

？引导问题 4：智能制造与自动化制造有什么异同？智能体现在哪里？

？引导问题 5：举例说明你所知道的智能控制技术的应用场合。

？引导问题 6：写出你知道的常见传感器的名称和用途。

？引导问题 7：考虑一下，工业机器人和智能制造的关系是什么？

？引导问题 8：请对书籍印刷（或立方体金属零件加工）的传统工艺与智能化改造工艺进行对比，说明两者的异同。

### 小提示

1）智能制造（Intelligent Manufacturing，IM）是指将物联网、大数据、云计算等新一代信息通信技术与先进制造技术深度融合，贯穿于设计、生产、管理、服务等制造活动的各个环节，具有信息深度自感知、智慧优化自决策、精准控制自执行等功能的先进制造过程、系统与模式的总称。作为一种新型生产方式，智能制造以智能工厂为载体，以关键制造环节智能化为核心，以端到端数据流为基础，以全面深度互联为支撑，通过人、机器、原材料的智能协作，形成生产过程的自感知、自学习、自决策、自执行、自适应等能力，从而有效地缩短产品研制周期，提高生产率，提升产品质量，降低资源、能源消耗，这对推动制造业转型升级具有重要意义。

2) 古代活字制作的工作流程：①把胶泥做成长方体的印章样式，大小根据所需要的字号定，所有胶泥印章的长度、宽度、高度都要一样。②在胶泥印章一端的正方形面上用刻刀雕刻需要的一个字（阴文或阳文，字像印章一样是反的）。③将制作好的胶泥印章晾干。④在木柴或木炭火中把晾干的胶泥印章进行烧制。⑤接下来是活字框的制作：用木板条制作一个框架，木板条的厚度要比“活字”的高度低 3 ～ 5mm。木板框的长度与宽度应是胶泥印章尺寸的整数倍，再加长几毫米以便于安装“活字”。⑥将“活字”按照顺序排放在木框内，用海绵蘸取颜料均匀地涂抹在活字上，然后用白纸覆盖在“活字”上面，再用“布包”均匀轻拍纸面后，立即把纸从“活字”印刷板上揭下来晾干，一张活字印刷的成品就做好了。

| 项目 1　智能制造系统认知 | | 任务 1　智能制造历史了解 | |
|---|---|---|---|
| 姓名： | 班级： | 日期： | 计划页 |

## 工作计划

各组根据任务分工，按照任务书要求和获取的信息了解并制作智能制造的发展历史思维导图，学习并制作智能制造系统主要组成部分的框图，采用实例学习，如活字印刷术中字模的零件加工，分析活字印刷术中制作字模的传统工艺流程，建立对其进行简单智能化改造思路。

将字模制作的传统工艺流程列入表 1-2，字模制作的简单智能化改造计划列入表 1-3。

表 1-2　字模制作传统工艺流程

| 步骤名称 | 工作内容 | 负责人 |
|---|---|---|
| | | |
| | | |
| | | |
| | | |
| | | |
| | | |
| | | |
| | | |

表 1-3　字模制作的简单智能化改造计划

| 序号 | 传统工序名称 | 智能化改造项目 | 主要思路 |
|---|---|---|---|
| | | | |
| | | | |
| | | | |
| | | | |
| | | | |
| | | | |
| | | | |
| | | | |

| 项目 1 智能制造系统认知 | | 任务 1 智能制造历史了解 | |
|---|---|---|---|
| 姓名： | 班级： | 日期： | 决策页 |

## 进行决策

对不同组员（或不同组别）的简单智能化改造计划进行工艺方案的对比、分析、论证，整合完善，形成小组决策，作为工作实施的依据。计划对比分析见表 1-4，书籍印刷的简单智能化改造方案见表 1-5。

表 1-4 计划对比分析

| 组员 | 计划中的优点 | 计划中的缺陷 | 优化方案 |
|---|---|---|---|
| | | | |
| | | | |
| | | | |
| | | | |
| | | | |
| | | | |
| | | | |
| | | | |

表 1-5 书籍印刷的简单智能化改造方案（例）

| 序号 | 传统工序 | 智能化改造 | 主要思路 | 备注 |
|---|---|---|---|---|
| 1 | 凸版刻字 | 采用电子分色制版，将文字信息转换成底板 | 采用光电转换 | |
| 2 | 码字排版 | 按照一定的格式和要求把原稿拼成一块块完整的版面，通过拼版，晒蓝图，使用计算机软件设计 | 采用设计软件 | |
| 3 | 手工印刷 | 印刷就是通过油墨将印版上的图文信息转移到承印物上的过程，即印刷机印刷 | 机器印刷 | |
| 4 | 打孔装订 | 智能化折页机、装订机，实现页面的裁切、胶装 | 机电一体化生产线 | |
| 5 | 人工码垛 | 工业机器人码垛装箱 | 智能化机器人 | |
| | | | | |
| | | | | |
| | | | | |
| | | | | |
| | | | | |

| 项目 1　智能制造系统认知 | | 任务 1　智能制造历史了解 | |
|---|---|---|---|
| 姓名： | 班级： | 日期： | 实施页 |

## 工作实施

1）通过学习、了解智能制造技术的发展历程，制作智能制造发展的思维导图。

2）在工作中分析系统各部分的主要功能，制作智能制造系统的结构框图。

3）各小组通过学习，了解书籍印刷（或立方体金属零件加工）工序，经过小组讨论后，形成一份书籍印刷传统工艺流程方案。

4）通过学习、讨论，形成书籍印刷（或立方体金属零件加工）简单智能化改造思路，并画出书籍印刷（或立方体金属零件加工）的简单智能化改造后的工艺流程框图。

### 小提示

智能制造始于 20 世纪 80 年代人工智能在制造业领域中的应用，发展于 20 世纪 90 年代智能制造技术和智能制造系统的提出，成熟于 21 世纪基于信息技术的“Intelligent Manufacturing（智能制造）”的发展。它将智能技术、网络技术和制造技术等应用于产品管理和服务的全过程中，并能在产品的制造过程中分析、推理、感知等，满足产品的动态需求。它也改变了制造业中的生产方式、人机关系和商业模式，因此，智能制造不是简单的技术突破，也不是简单的传统产业改造，而是通信技术和制造业的深度融合、创新集成。

现代字模印刷的工作流程：

1）字模的设计（根据所需要制作的字模进行设计）。

2）字模的加工（智能制造进行字模加工）。

3）字模的使用。

| 项目 1 智能制造系统认知 | | 任务 1 智能制造历史了解 | |
|---|---|---|---|
| 姓名： | 班级： | 日期： | 检查页 |

## 检查验收

工作方案实施后，按照验收标准对任务完成情况进行检查验收和评价，包括方案的合理性、导图的完成度、方案改造的可行性等，并将验收问题及其整改措施、完成时间进行记录。验收标准及评分表见表 1-6，验收过程问题记录表见表 1-7。

表 1-6 验收标准及评分表

| 序号 | 验收项目 | 验收标准 | 分值 | 教师评分 | 备注 |
|---|---|---|---|---|---|
| 1 | 资料收集 | 资料完整，有清晰的目录结构 | 10 | | |
| 2 | 思维导图绘制 | 涵盖智能制造的发展及各国发展情况 | 20 | | |
| 3 | 系统结构框图 | 组合合理，描述清晰 | 20 | | |
| 4 | 方案制订 | 梳理工艺流程，关键点无遗漏 | 20 | | |
| 5 | 方案分析 | 能够对传统印刷或立方体金属零件加工提出简单智能化改造意见 | 20 | | |
| 6 | 任务总结 | 客观、全面，包含反思和建议 | 10 | | |
| 合计 | | | 100 | | |

表 1-7 验收过程问题记录表

| 序号 | 验收问题记录 | 整改措施 | 完成时间 | 备注 |
|---|---|---|---|---|
| | | | | |
| | | | | |
| | | | | |
| | | | | |
| | | | | |
| | | | | |

| 项目 1　智能制造系统认知 | | 任务 1　智能制造历史了解 | |
|---|---|---|---|
| 姓名： | 班级： | 日期： | 评价页 |

## 评价反馈

各组介绍任务的完成过程并提交阐述材料，进行学生自评、学生组内互评、教师评价，完成考核评价表（见表 1-8）。

？引导问题 9：在本次任务完成过程中，给你印象最深的是哪件事？自己的职业能力有哪些明显提高？

？引导问题 10：你对智能制造了解了多少？想继续学习关于智能制造的哪些内容？

表 1-8　考核评价表

| 评价项目 | 评价内容 | 分值 | 自评 20% | 互评 20% | 教师评价 60% | 合计 |
|---|---|---|---|---|---|---|
| 职业素养 40 分 | 爱岗敬业、安全意识、责任意识、服从意识 | 10 | | | | |
| | 积极参加任务活动，按时完成工作页 | 10 | | | | |
| | 团队合作、交流沟通能力、集体主义精神 | 10 | | | | |
| | 劳动纪律，职业道德 | 5 | | | | |
| | 现场 6S 标准，行为规范 | 5 | | | | |
| 专业能力 60 分 | 专业资料检索能力，中外品牌分析能力 | 10 | | | | |
| | 制订计划能力，严谨认真 | 10 | | | | |
| | 操作符合规范，精益求精 | 15 | | | | |
| | 工作效率，分工协作 | 10 | | | | |
| | 任务验收质量，质量意识 | 15 | | | | |
| 合计 | | 100 | | | | |
| 创新能力 加分 20 分 | 创新性思维和行动 | 20 | | | | |
| 总计 | | 120 | | | | |
| 教师签名： | | | 学生签名： | | | |

<table>
<tr><td colspan="2">项目 1　智能制造系统认知</td><td colspan="2">任务 1　智能制造历史了解</td></tr>
<tr><td>姓名：</td><td>班级：</td><td>日期：</td><td>知识页</td></tr>
</table>

## 相关知识点：智能制造发展概述

一、美国智能制造的发展与应用

二、德国智能制造的发展与应用

三、中国智能制造的发展与应用

四、工业 4.0 概念

五、工业互联网概念

六、智能制造的内涵与特征

七、智能制造与传统制造的异同

扫码看知识 1：

智能制造发展概述

# 任务 2　智能制造系统的主要组成与功能

| 项目 1　智能制造系统认知 | | 任务 2　智能制造系统主要组成与功能 | |
|---|---|---|---|
| 姓名： | 班级： | 日期： | 任务页 1 |

## 学习任务描述

智能制造系统是集数控机床、工业机器人、智能传感与控制装备、视觉检测装备、AGV 智能物流、智能仓储装备等智能技术装备于一体的智能制造技术平台。本学习任务要求以零件加工智能制造系统为例，使学生了解智能制造系统的主要组成与功能的相关知识。

## 学习目标

1）通过信息查询了解智能制造系统的主要组成，以及知名品牌、产品性能、应用领域、技术特点、发展规模，培养民族自豪感。

2）通过信息查询了解智能制造系统各子单元的主要功能。比较国产品牌和进口品牌的异同，正视我国与世界知名品牌的差距，认识到核心技术是买不来的，只能靠自主研发，“师夷长技”，学习国外先进技术的同时努力推动国产智能制造系统的应用、普及、改进和发展。

3）通过小组合作培养团队协作精神，制订系统各工作单元的认知学习方案。

4）在教师指导下，各小组完成对系统各工作单元的分解认知。

5）在教师指导下，各小组完成对系统各工作单元的功能描述。在工作中培养严谨、认真的职业素养。

6）各小组分析智能制造系统在实际生产中的应用特点，培养“岗位素质”，引导技能报国。

7）各小组进行任务实施与评价，解决智能制造系统认知问题。注重过程性评价，注重安全、节约、环保意识的养成，注重综合素养的培养和提升。

## 任务书

以实际智能制造系统为例，了解智能制造系统中的硬件设备在生产中所起的作用，智能制造系统集成工程师所需要具备的岗位素质。将智能制造系统进行分解，请准确说出各工作单元的名称及功能，认知各工作单元所使用的主要零部件及其功能。零件加工智能制造集成应用平台 DLIM-441 示意图如图 2-1 所示。

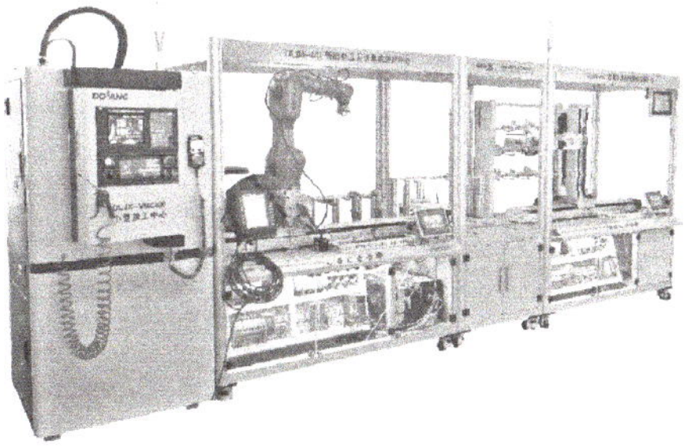

图 2-1　零件加工智能制造集成应用平台 DLIM-441 示意图

| 项目 1　智能制造系统认知 | | 任务 2　智能制造系统主要组成与功能 | |
|---|---|---|---|
| 姓名： | 班级： | 日期： | 任务页 2 |

## 任务分组

将班级学生分组，可 4 ～ 8 人为一组，轮值安排组长，使每个人都有培养组织协调能力和管理能力的机会。各组任务可以相同或不同，明确每组的人员和任务分工，注意培养团队协作能力。任务分工表见表 2-1。

表 2-1　任务分工表

| 班级 | | 组号 | | 任务 | |
|---|---|---|---|---|---|
| 组长 | | 时间段 | | 指导教师 | |
| 姓名 | 学号 | 任务分工 | | | 备注 |
| | | | | | |
| | | | | | |
| | | | | | |
| | | | | | |
| | | | | | |
| | | | | | |
| | | | | | |
| | | | | | |

| 项目 1　智能制造系统认知 | | 任务 2　智能制造系统主要组成与功能 | |
|---|---|---|---|
| 姓名： | 班级： | 日期： | 信息页 |

## 获取信息

？引导问题 1：查阅资料，自主学习智能制造系统的概念。

？引导问题 2：观看视频，了解零件加工智能制造系统平台工作流程，并进行总结。可参考图 2-2。

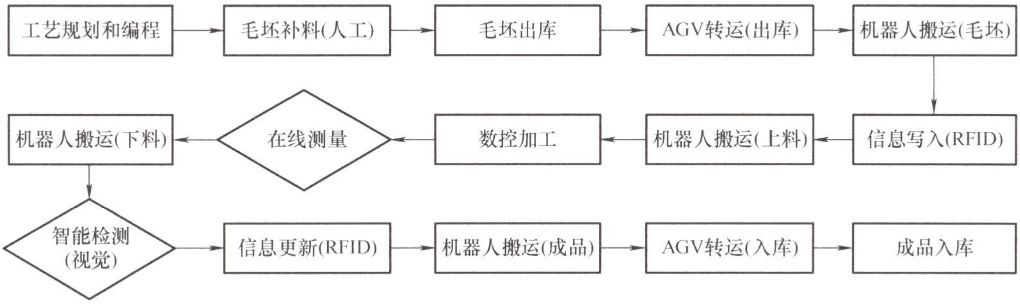


图 2-2　零件加工智能制造系统平台工作流程图

？引导问题 3：若将智能制造系统分解为若干个单元，可分为哪些单元？填写表 2-2。

表 2-2　智能制造系统的组成单元

| | | | | | | |
|---|---|---|---|---|---|---|
| 名称 | | | | | | |
| 功能 | | | | | | |

？引导问题 4：智能制造系统各工作单元由哪些主要零部件构成？各零部件有哪些功能？

### 小提示

零件加工智能制造集成应用平台 DLIM-441 为离散型制造的典型模式，该平台主要由数控加工站、工业机器人站、智能检测站和智能仓储站组成。该平台集合了数控机床、工业机器人、智能传感与控制装备、视觉检测装备、AGV 智能物流、智能仓储装备等以智能制造关键技术装备，应用数控技术、工业机器人技术、气动技术、传感器技术、机电一体化技术、软件技术、自动化技术及在线测量技术等领域的技术，具备自动化、数字化、网络化、集成化、智能化的性能。

| 项目 1　智能制造系统认知 | | 任务 2　智能制造系统主要组成与功能 | |
|---|---|---|---|
| 姓名： | 班级： | 日期： | 计划页 |

## 工作计划

按照任务书要求和获取的信息制订智能制造系统认知的工作方案，包括面对设备、流程工序、人员岗位，了解智能制造系统的主要组成，分解学习各工作单元功能等工作内容和步骤。智能制造系统各工作单元认知的工作方案见表 2-3，智能制造系统各工作单元的主要功能表见表 2-4。

表 2-3　智能制造系统各工作单元认知的工作方案

| 步骤名称 | 工作内容 | 负责人 |
|---|---|---|
| | | |
| | | |
| | | |
| | | |
| | | |
| | | |
| | | |
| | | |

表 2-4　智能制造系统各工作单元的主要功能表

| 工作单元 | 主要功能 | 完成人 |
|---|---|---|
| | | |
| | | |
| | | |
| | | |
| | | |
| | | |
| | | |
| | | |

| 项目 1　智能制造系统认知 | | 任务 2　智能制造系统主要组成与功能 | |
|---|---|---|---|
| 姓名： | 班级： | 日期： | 决策页 |

## 进行决策

对不同组员（或不同组别）的分解计划进行方案的对比、分析、论证，整合完善，形成小组决策，作为认知系统、了解各单元功能的工作方案。各单元认识及功能表见表 2-5。

表 2-5　各单元认识及功能表

| 序号 | 工作单元名称 | 单元的功能 | 主要认识 | 备注 |
|---|---|---|---|---|
| | | | | |
| | | | | |
| | | | | |
| | | | | |
| | | | | |
| | | | | |
| | | | | |
| | | | | |

？引导问题 5：画出智能制造系统各子单元分解方案流程框图。

？引导问题 6：在使用数控加工站时需要关注哪些技术参数？

？引导问题 7：数控加工站与工业机器人是怎样协同工作的？

| 项目 1　智能制造系统认知 | | 任务 2　智能制造系统主要组成与功能 | |
|---|---|---|---|
| 姓名： | 班级： | 日期： | 实施页 1 |

## 工作实施

根据学习了解的知识，看图填写表 2-6 ～表 2-9。

表 2-6　数控加工站

1

2

3

| 序号 | 名称 | 功能 |
|---|---|---|
| 1 | | |
| 2 | | |
| 3 | | |

? 引导问题 8：查询资料，列出使用工业机器人时的安全注意事项。

? 引导问题 9：查询资料，写出工程师在选用机械臂时要考虑的技术参数。

? 引导问题 10：设计快换装置时需要考虑的技术参数有哪些？

? 引导问题 11：一体式的高频 RFID 读写设备在智能制造系统中起到了什么作用？

? 引导问题 12：查询资料，说明工艺视觉检测系统由哪些硬件组成。

? 引导问题 13：查询资料，说明工艺视觉检测系统能完成哪些缺陷的检测。

? 引导问题 14：查询资料，三轴机械手的设计过程需要考虑哪些设计参数。

? 引导问题 15：设想并描述一下三轴机械手的控制方法。

| 项目 1　智能制造系统认知 | | 任务 2　智能制造系统主要组成与功能 | |
|---|---|---|---|
| 姓名： | 班级： | 日期： | 实施页 2 |

表 2-7　工业机器人站

| 序号 | 零部件 | 名称 | 功能 |
|---|---|---|---|
| 1 |  | | |
| 2 | 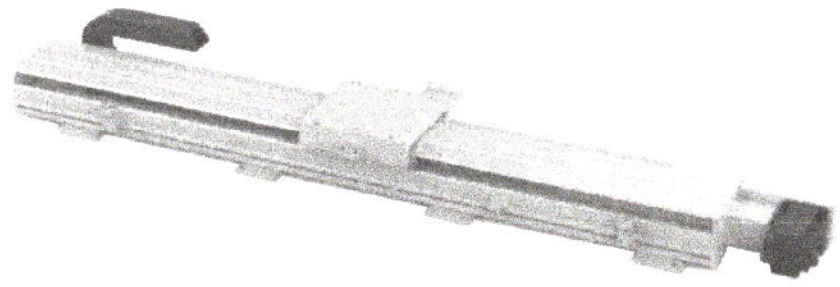 | | |
| 3 |  | | |
| 4 | 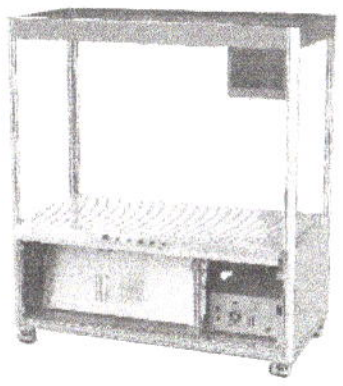 | | |
| 5 |   | | |
| 6 | 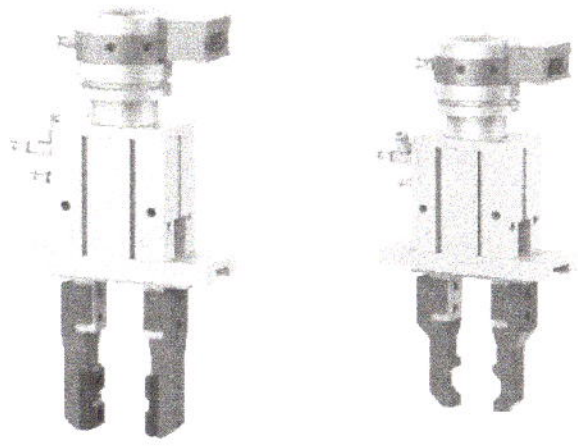 | | |

| 项目 1　智能制造系统认知 | | 任务 2　智能制造系统主要组成与功能 | |
|---|---|---|---|
| 姓名： | 班级： | 日期： | 实施页 3 |

表 2-8　智能检测站

| 序号 | 零部件 | 名称 | 功能 |
|---|---|---|---|
| 1 |  | | |
| 2 | 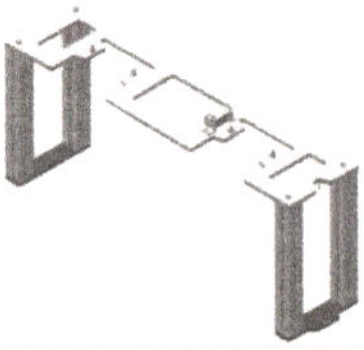 | | |
| 3 |   | | |
| 4 | 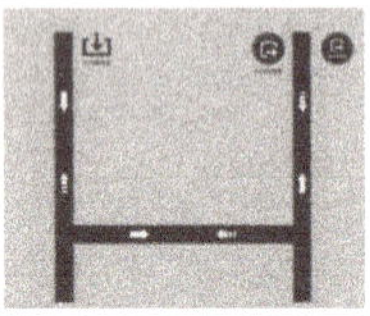 | | |

表 2-9　智能仓储站

| 序号 | 零部件 | 名称 | 功能 |
|---|---|---|---|
| 1 | 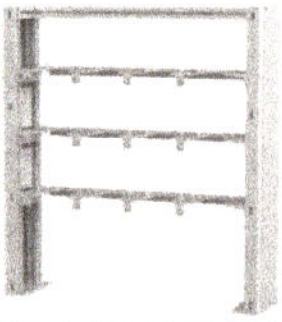 | | |
| 2 |  | | |
| 3 | 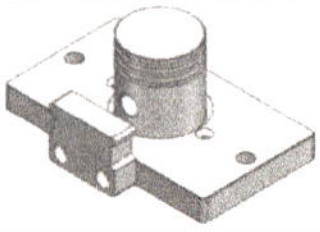 | | |

| 项目 1　智能制造系统认知 | | 任务 2　智能制造系统主要组成与功能 | |
|---|---|---|---|
| 姓名： | 班级： | 日期： | 实施页 4 |

？引导问题 16：请列举在零件加工生产过程中应用到的软件系统，并说明其功能。

？引导问题 17：请将电气控制系统的① PLC 模块、②电源模块、③伺服驱动器、④ I/O 转接板卡、⑤继电器、⑥接线端子排、⑦交换器、⑧步进电动机驱动器、⑨断路器等电气元件依次标注在图 2-3 中，并补充你认为属于电气控制系统的其他零部件。

图 2-3　智能制造系统电气控制系统

**小提示**

智能制造的发展以企业的自动化和信息化发展为基础。自动化主要实现生产过程的数字化控制，离不开各类过程控制类软件的深度应用，信息化主要实现企业研发、制造、销售、服务等环节和流程的数字化，打通企业内部的数据流，以研发设计类、生产调度类、经营管理类、市场营销分析类软件的深度应用为特征。因此，涵盖上述软件类别的工业技术软件是智能制造发展的基础和核心支撑。工业技术软件存在于智能制造系统的每个部分，智能制造系统解决方案更加注重软件系统的集成与发展。

| 项目 1　智能制造系统认知 | | 任务 2　智能制造系统主要组成与功能 | |
|---|---|---|---|
| 姓名： | 班级： | 日期： | 检查页 |

## 检查验收

工作方案实施后，按照验收标准对任务完成情况进行检查验收和评价，包括方案的合理性、导图的完成度、总结的合理性等，并将验收问题及其整改措施、完成时间进行记录。验收标准及评分表见表 2-10，验收过程问题记录表见表 2-11。

表 2-10　验收标准及评分表

| 序号 | 验收项目 | 验收标准 | 分值 | 教师评分 | 备注 |
|---|---|---|---|---|---|
| 1 | 认知计划 | 表达合理，可行，效果好 | 20 | | |
| 2 | 系统组成认知 | 描述合理、明确 | 20 | | |
| 3 | 各单元功能认知 | 讲解清楚、正确 | 20 | | |
| 4 | 实施过程与思考 | 实施完整，正确，思考认真 | 20 | | |
| 5 | 创新性建议 | 提出可行性建议 | 20 | | |
| 合计 | | | 100 | | |

表 2-11　验收过程问题记录表

| 序号 | 验收问题记录 | 整改措施 | 完成时间 | 备注 |
|---|---|---|---|---|
| | | | | |
| | | | | |
| | | | | |
| | | | | |
| | | | | |
| | | | | |

| 项目 1　智能制造系统认知 | | 任务 2　智能制造系统主要组成与功能 | |
|---|---|---|---|
| 姓名： | 班级： | 日期： | 评价页 |

## 评价反馈

各组介绍任务的完成情况并提交阐述材料，进行学生自评、学生组内互评、教师评价，完成考核评价表（见表 2-12）。

？引导问题 18：在本次任务完成过程中，给你印象最深的是哪件事？自己的职业能力有哪些明显提高？

？引导问题 19：你对智能制造系统（如零件加工智能制造集成应用平台）了解了多少？还想继续学习关于智能制造的哪些内容？

表 2-12　考核评价表

| 评价项目 | 评价内容 | 分值 | 自评 20% | 互评 20% | 教师评价 60% | 合计 |
|---|---|---|---|---|---|---|
| 职业素养 40 分 | 爱岗敬业、安全意识、责任意识、服从意识 | 10 | | | | |
| | 积极参加任务活动，按时完成工作页 | 10 | | | | |
| | 团队合作、交流沟通能力、集体主义精神 | 10 | | | | |
| | 劳动纪律，职业道德 | 5 | | | | |
| | 现场 6S 标准，行为规范 | 5 | | | | |
| 专业能力 60 分 | 专业资料检索能力，中外品牌分析能力 | 10 | | | | |
| | 制订计划能力，严谨认真 | 10 | | | | |
| | 操作符合规范，精益求精 | 15 | | | | |
| | 工作效率，分工协作 | 10 | | | | |
| | 任务验收质量，质量意识 | 15 | | | | |
| 合计 | | 100 | | | | |
| 创新能力加分 20 分 | 创新性思维和行动 | 20 | | | | |
| 总计 | | 120 | | | | |
| 教师签名： | | | 学生签名： | | | |

| 项目 1　智能制造系统认知 | | 任务 2　智能制造系统主要组成与功能 | |
|---|---|---|---|
| 姓名： | 班级： | 日期： | 知识页 |

## 相关知识点：智能制造系统集成应用平台知识

### 一、智能制造系统概述

智能制造已经成为全球制造业发展趋势，是新一轮工业革命的核心。智能制造集成应用平台 DLIM-441 采用离散型制造的典型模式——机械切削加工领域“智能制造”单元，结合数控加工中心、工业机器人、智能传感与控制装备、视觉检测装备、AGV 智能物流、智能仓储装备等以智能制造关键技术装备进行的设备研发，展示了自动化、数字化、网络化、集成化、智能化的功能和思想。涉及智能控制技术、数控技术、工业机器人技术、气动技术、传感器技术、机电一体化技术、工业工程技术等一系列技术。

### 二、智能制造系统的主要组成

1. 数控加工站
2. 工业机器人站
3. 夹具及信息读写台
4. 信息读写台
5. 平面仓储系统
6. 工业视觉检测系统
7. 机器人行走平台
8. 智能物料站
9. 智能仓储站

**扫码看知识 2：**

智能制造系统集成应用平台知识

**扫码看视频 1：**

零件加工智能制造系统工作过程

# 任务 3　智能制造系统安全防控与应急处理

| 项目 1　智能制造系统认知 | | 任务 3　智能制造系统安全防控与应急处理 | |
|---|---|---|---|
| 姓名： | 班级： | 日期： | 任务页 |

## 学习任务描述

为保证智能制造系统使用过程的安全可靠，工程师在系统设计时设计了安全防控装置，例如，数控加工时会自动关闭防护门，电路短路、过载时系统会自动紧急断电，机械臂发生碰撞前的紧急制动按钮等。防控和应急装置在系统使用过程起到了保护操作人员和智能制造系统设备的作用，本学习任务要求以零件加工智能制造系统为例，使学生了解并掌握智能制造系统安全防控和应急处理的知识和技能。

## 学习目标

1）通过信息查询了解智能制造系统采用了哪些安全防控装置，包括知名品牌、产品性能、应用领域、技术特点、发展规模，培养民族自豪感。

2）通过查阅资料，在教师指导下，掌握智能制造系统发生火灾和碰撞伤人时的紧急处理方法，并树立珍爱生命的思想。

3）在教师指导下，掌握智能制造系统安全操作规程，并培养严谨、认真的职业素养。

4）培养“安全操作、安全防控、安全生产”的工匠精神。

## 任务书

了解智能制造系统发生安全事故的类型，分析安全事故发生的原因，认知智能制造系统（如 DLIM-441）中的安全防控装置和应急处理装置，掌握紧急处理方法及系统的安全操作规程。

## 任务分组

将班级学生分组，可 4 ～ 8 人为一组，轮值安排组长，使每个人都有锻炼培养组织协调和管理能力的机会。各组任务可以相同或不同，明确每组的人员和任务分工，注意培养团队协作能力。任务分工表见表 3-1。

表 3-1　任务分工表

| 班级 | | 组号 | | 任务 | |
|---|---|---|---|---|---|
| 组长 | | 时间段 | | 指导教师 | |
| 姓名 | 学号 | 任务分工 | | | 备注 |
| | | | | | |
| | | | | | |
| | | | | | |
| | | | | | |

| 项目 1　智能制造系统认知 | | 任务 3　智能制造系统安全防控与应急处理 | |
|---|---|---|---|
| 姓名： | 班级： | 日期： | 信息页 |

## 获取信息

？引导问题 1：日常生活中你应用过哪些安全防控和紧急处理装置。

？引导问题 2：智能制造系统存在哪些操作风险需要安全防控和应急处理？

？引导问题 3：零件加工智能制造系统运行前、运行中、运行后分别需要注意的安全防控措施有哪些？

？引导问题 4：零件加工智能制造系统什么情况下需要紧急停止？

？引导问题 5：智能制造系统运行时因过电流发热、开关电弧、电气短路易引发火灾，如遇突发火灾时应怎样紧急处理？

？引导问题 6：智能制造系统中机械臂异常动作可能会碰撞、挤压操作人员，如有操作人员受困于机械臂，应怎样解救以免其进一步受伤？

？引导问题 7：列表说明智能制造系统的风险类型与处理办法。

### 小提示

1）零件加工智能制造系统（如 DLIM-441）包含数控铣床、机械臂、AGV、三自由度机械手等运动模块，若使用不规范，易引发碰撞伤人等事故。操作运行智能制造系统前，需要熟悉安全注意事项，掌握各设备的安全操作要求，只有熟悉设备且经过专门的安全培训后才允许操作使用系统。带电作业易引发高压电击，轻者可造成烧伤，严重时将导致心脏停止。在系统安装、维修、保养时，切记关闭系统总电源、总气源，在设备明显位置放置“正在作业”警示牌。安装、维修需使用专用工具，严格执行维修说明书要求。操作人员操作时，需穿好工作服、安全鞋，戴好安全帽、护目镜等防护装备，禁止操作人员酒后作业。

2）手持式灭火器一般分为水基型、干粉型、二氧化碳灭火器，三种灭火器从外观上的区别主要是喷嘴不同。电气系统着火一般选用二氧化碳灭火器，使用时一手握住喷筒把手，另一手拔去保险销，将扶把的鸭嘴压下，二氧化碳气体随即喷出。二氧化碳灭火器在室外使用时，应选择在上风位置顺风使用，并且手要放在钢瓶木柄上防止冻伤。在室内狭小空间使用时，灭火后操作人员要迅速离开，以防窒息。

| 项目 1　智能制造系统认知 | | 任务 3　智能制造系统安全防控与应急处理 | |
|---|---|---|---|
| 姓名： | 班级： | 日期： | 计划页 |

## 工作计划

按照任务书要求和获取的信息了解智能制造系统（如 DLIM-441）采用了哪些安全防控装置，了解各元器件在系统中的安全措施，掌握智能制造系统发生火灾和伤人事故时的紧急处理方法，掌握智能制造系统安全操作规程，制订智能制造系统安全防控与应急工作方案，见表 3-2，所需器件准备计划清单见表 3-3。

表 3-2　智能制造系统安全防控与应急工作方案

| 步骤名称 | 工作内容 | 负责人 |
|---|---|---|
| | | |
| | | |
| | | |
| | | |
| | | |
| | | |
| | | |
| | | |

表 3-3　器件准备计划清单

| 序号 | 名称 | 型号和规格 | 单位 | 数量 | 备注 |
|---|---|---|---|---|---|
| | | | | | |
| | | | | | |
| | | | | | |
| | | | | | |
| | | | | | |
| | | | | | |
| | | | | | |
| | | | | | |

| 项目 1　智能制造系统认知 | | 任务 3　智能制造系统安全防控与应急处理 | |
| --- | --- | --- | --- |
| 姓名： | 班级： | 日期： | 决策页 |

## 进行决策

对不同组员（或不同组别）的工作计划进行对比、分析、论证，整合完善，形成小组决策，作为工作实施的依据。计划对比分析见表 3-4，决策方案见表 3-5，器件准备最终清单见表 3-6。

表 3-4　计划对比分析

| 组员 | 计划中的优点 | 计划中的不足 | 优化方案 |
| --- | --- | --- | --- |
| | | | |
| | | | |
| | | | |
| | | | |
| | | | |
| | | | |
| | | | |

表 3-5　决策方案

| 步骤名称 | 工作内容 | 负责人 |
| --- | --- | --- |
| | | |
| | | |
| | | |
| | | |
| | | |
| | | |
| | | |

表 3-6　器件准备最终清单

| 序号 | 名称 | 型号和规格 | 单位 | 数量 | 备注 |
| --- | --- | --- | --- | --- | --- |
| | | | | | |
| | | | | | |
| | | | | | |
| | | | | | |
| | | | | | |
| | | | | | |
| | | | | | |

| 项目 1　智能制造系统认知 | | 任务 3　智能制造系统安全防控与应急处理 | |
|---|---|---|---|
| 姓名： | 班级： | 日期： | 实施页 1 |

## 工作实施

1）在零件加工智能制造系统中找出表 3-7 所列的零部件，并说明其功能，分析其安全作用。

表 3-7　零件加工智能制造系统零部件功能及安全作用

| 序号 | 零部件 | 名称 | 功能及安全作用 |
|---|---|---|---|
| 1 |  | | |
| 2 | 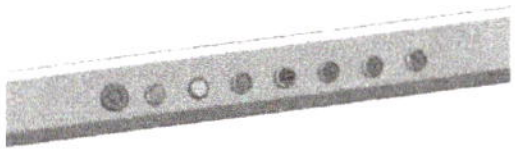 | | |
| 3 |  | | |
| 4 | 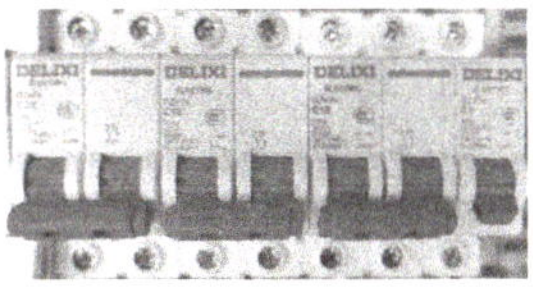 | | |
| 5 |  | | |
| 6 |  | | |
| 7 | 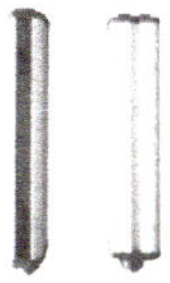 | | |

| 项目 1　智能制造系统认知 | | 任务 3　智能制造系统安全防控与应急处理 | |
|---|---|---|---|
| 姓名： | 班级： | 日期： | 实施页 2 |

（续）

| 序号 | 零部件 | 名称 | 功能及安全作用 |
|---|---|---|---|
| 8 |  | | |
| 9 |  | | |
| 10 |  | | |
| 11 |  | | |
| 12 |  | | |
| 13 |  | | |

| 项目 1　智能制造系统认知 | | 任务 3　智能制造系统安全防控与应急处理 | |
|---|---|---|---|
| 姓名： | 班级： | 日期： | 实施页 3 |

2）查询资料，区分表 3-8 所列灭火器的类型，讨论零件加工智能制造系统应配备哪种类型。

表 3-8　灭火器的类型

| | | | |
|---|---|---|---|
| 类型 | 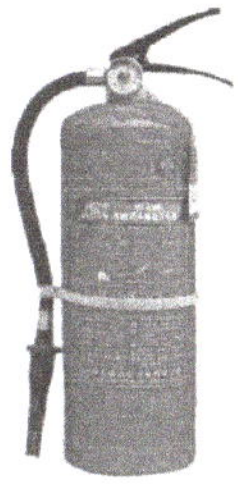 | 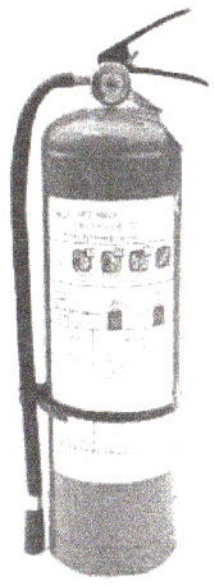 |  |
| 应用场合 | | | |

？引导问题 8：为什么智能制造系统遇火灾时最好选用二氧化碳灭火器？

| 项目 1 智能制造系统认知 | | 任务 3 智能制造系统安全防控与应急处理 | |
|---|---|---|---|
| 姓名： | 班级： | 日期： | 检查页 |

## 检查验收

对智能制造系统采用的安全防控装置的认知，智能制造系统发生火灾和伤人时的紧急处理方法的说明，智能制造系统安全操作规程的了解情况进行检查验收，并将验收问题及其整改措施、完成时间进行记录。验收标准及评分表见表 3-9，验收过程问题记录表见表 3-10。

表 3-9 验收标准及评分表

| 序号 | 验收项目 | 验收标准 | 分值 | 教师评分 | 备注 |
|---|---|---|---|---|---|
| 1 | 知晓安全风险 | 说出系统可能存在的安全风险 | 15 | | |
| 2 | 安全装置使用 | 能识别、会使用安全防控装置 | 20 | | |
| 3 | 零部件安全操作 | 了解零部件功能，会安全操作 | 15 | | |
| 4 | 掌握紧急处理方法 | 掌握几种情况的紧急处理方法 | 20 | | |
| 5 | 了解安全操作规程 | 了解安全操作规程的要求 | 15 | | |
| 6 | 安全性确认 | 会对“人员、机器、原料、方法、环境”进行安全性检查 | 15 | | |
| 合计 | | | 100 | | |

表 3-10 验收过程问题记录表

| 序号 | 验收问题记录 | 整改措施 | 完成时间 | 备注 |
|---|---|---|---|---|
| | | | | |
| | | | | |
| | | | | |
| | | | | |
| | | | | |
| | | | | |

? 引导问题 9：除上述安全防控装置外，你还想到了哪些防控装置？

| 项目 1　智能制造系统认知 | | 任务 3　智能制造系统安全防控与应急处理 | |
|---|---|---|---|
| 姓名： | 班级： | 日期： | 评价页 |

## 评价反馈

各组介绍任务的完成过程并提交阐述材料，进行学生自评、学生组内互评、教师评价，完成考核评价表（见表 3-11）。

？引导问题 10：在本次任务完成过程中，给你印象最深的是哪件事？自己的职业能力有哪些明显提高？

？引导问题 11 ：你对智能制造系统采用的安全防控装置和事故紧急处理方法了解了多少？还想继续学习哪些相关内容？

表 3-11　考核评价表

| 评价项目 | 评价内容 | 分值 | 自评 20% | 互评 20% | 教师评价 60% | 合计 |
|---|---|---|---|---|---|---|
| 职业素养 40 分 | 爱岗敬业、安全意识、责任意识、服从意识 | 10 | | | | |
| | 积极参加任务活动，按时完成工作页 | 10 | | | | |
| | 团队合作、交流沟通能力、集体主义精神 | 10 | | | | |
| | 劳动纪律，职业道德 | 5 | | | | |
| | 现场 6S 标准，行为规范 | 5 | | | | |
| 专业能力 60 分 | 专业资料检索能力，中外品牌分析能力 | 10 | | | | |
| | 制订计划能力，严谨认真 | 10 | | | | |
| | 操作符合规范，精益求精 | 15 | | | | |
| | 工作效率，分工协作 | 10 | | | | |
| | 任务验收质量，质量意识 | 15 | | | | |
| 合计 | | 100 | | | | |
| 创新能力 加分 20 分 | 创新性思维和行动 | 20 | | | | |
| 总计 | | 120 | | | | |
| 教师签名： | | | 学生签名： | | | |

| 项目 1　智能制造系统认知 | | 任务 3　智能制造系统安全防控与应急处理 | |
|---|---|---|---|
| 姓名： | 班级： | 日期： | 知识页 |

**相关知识点：** 智能制造系统安全防控相关知识

一、紧急停止

二、紧急断电

三、紧急救援

四、智能制造系统操作规程

扫码看知识 3：

智能制造系统安全防控相关知识

# 项目 2

# 数控机床单元安装与调试

| 项目 2　数控机床单元安装与调试 | | 任务 4 ～ 任务 6 | |
|---|---|---|---|
| 姓名： | 班级： | 日期： | 项目页 |

## 项目导言

本项目以数控机床单元的安装与调试为学习目标，学习数控机床单元的安装与调试过程，提出在安装及调试过程中应注意的相关事项，针对各学习任务给出了任务要求、学习目标、工作步骤（六步法）、评价方案、学习资料等工作要求和学习指导。

## 项目任务

1. 掌握数控机床防护门改造与安装。
2. 掌握数控机床摄像头安装与调试。
3. 掌握数控机床在线测量装置安装。

## 项目学习摘要

# 任务 4 数控机床防护门改造与安装

| 项目 2 数控机床单元安装与调试 | | 任务 4 数控机床防护门改造与安装 | |
| --- | --- | --- | --- |
| 姓名： | 班级： | 日期： | 任务页 1 |

## 学习任务描述

在智能制造系统集成应用平台中，数控机床是加工环节的重要组成部分，用于完成零件的机械加工任务，并在系统中完成智能制造过程，包括完成工件进出的机床防护门的控制、工件夹紧 / 放松动作、数控机床与系统的通信控制等。本学习任务要求学生掌握智能制造系统集成应用平台中数控机床防护门的改造、安装与调试方法。

## 学习目标

1）根据系统硬件配置，了解系统中各功能部件的相关知识，包括数控机床关键部件，数控机床的功能、品牌、相关技术特点与发展史等，培养民族自豪感。

2）数控机床的核心是数控系统，智能生产线中的数控机床使用的有国产数控系统和进口数控系统。通过比较国产系统与进口系统的差异，在学习过程中了解我国数控系统的发展历程，认识到提高国产数控系统水平的重要性，加强学习的动力。

3）根据数控机床、数控系统和智能制造系统集成应用平台的技术资料，按照任务要求制订工作方案。

4）根据控制要求，在教师指导下，按照相关标准完成数控机床防护门改造的安装与调试。

5）根据控制要求，在教师指导下完成防护门气路控制系统的连接调试，检测传感器的连接调试，并在调试过程中落实调试步骤，培养精益求精的工匠精神。

6）在完成相应任务后，学习小组进行施工检查验收，在验收过程中组织查找安装调试项目存在的问题。在学习过程中注重过程性评价，注重安全、节约、环保意识的养成，注重综合素养的培养和提升。

## 任务书

在智能制造系统中，以零件加工智能制造系统集成应用平台 DLIM-441 为例，数控机床配置凯恩帝品牌数控系统，系统要求改造数控机床防护门以实现自动开启和关闭，请根据控制要求完成数控机床防护门的气缸安装和与控制气路连接调试工作，检测传感器的连接调试工作，使防护门在系统的控制下能够完成开与关，并且动作平稳，信号准确。

参考防护门在系统控制要求下的改造过程，思考数控机床夹具在系统的控制下能够完成夹紧与松开的技术改造方案。

| 项目 2　数控机床单元安装与调试 | | 任务 4　数控机床防护门改造与安装 | |
|---|---|---|---|
| 姓名： | 班级： | 日期： | 任务页 2 |

## 任务分组

将班级学生分组，可 4 ～ 8 人为一组，轮值安排组长，使每个人都有锻炼培养组织协调和管理能力的机会。各组任务可以相同或不同，明确每组的人员和任务分工，注意培养团队协作能力。任务分工表见表 4-1。

表 4-1　任务分工表

| 班级 | | 组号 | | 任务 | |
|---|---|---|---|---|---|
| 组长 | | 时间段 | | 指导教师 | |
| 姓名 | 学号 | 任务分工 | | | 备注 |
| | | | | | |
| | | | | | |
| | | | | | |
| | | | | | |
| | | | | | |
| | | | | | |
| | | | | | |
| | | | | | |

| 项目 2　数控机床单元安装与调试 | | 任务 4　数控机床防护门改造与安装 | |
|---|---|---|---|
| 姓名： | 班级： | 日期： | 信息页 |

## 获取信息

？引导问题 1：了解并描述智能制造系统集成应用平台中数控机床的结构和工作过程：

？引导问题 2：智能制造系统集成应用平台对数控机床自动防护门有哪些控制要求？

？引导问题 3：了解数控机床自动防护门采用气电结合的控制过程，写出控制所需的相关器件：

？引导问题 4：查阅资料，写出气动元件的工作原理及气动系统的结构组成：

？引导问题 5：数控机床自动防护门的调试步骤和注意事项是什么？

？引导问题 6：确定并写出气缸与机床防护门的位置，以及位置与行程之间的关系。

？引导问题 7：气缸的管路如何连接？防护门开、关到位检测传感器的安装位置如何确定？

？引导问题 8：了解所用元器件的国家标准，制定安装工艺要求。

？引导问题 9：智能制造系统集成应用平台中数控机床的哪些部件采用了气动系统控制？请描述它们的工作过程。

？引导问题 10：完成数控机床防护门自动控制改造工作的验收标准是什么？

### 小提示

1）气压传动系统采用压缩空气为传动介质，因此具有如下优点：压缩空气的原料是空气，易于获得；压缩空气易于在管路中长距离传输而压力损失较小，并且对管路的要求较低；压缩空气易储存在气罐中，并且气罐也较易运输；压缩空气规避了爆炸或者失火的危险；压缩空气在去除润滑油后即使泄露到空气中，也不会产生污染。其缺点为：压缩空气需要有较高的质量，不能含有灰尘、油雾和较高的湿度。由于空气的可压缩性，因此气缸活塞的速度不够稳定，加大了气压传动系统对运动部件速度和精度的控制难度。

2）气动控制技术在数控机床和自动化系统中应用广泛，在本项目数控机床自动防护门的改造中了解相关知识并掌握相关技术，在数控机床上下料过程中控制防护门的开关动作，使其运动可靠，定位准确，动作灵活，且性价比高。防护门控制系统的主要部件及功能为：PLC 控制逻辑、气缸行程与缸径、调速阀、压力控制阀等。

| 项目 2　数控机床单元安装与调试 | | 任务 4　数控机床防护门改造与安装 | |
|---|---|---|---|
| 姓名： | 班级： | 日期： | 计划页 |

## 工作计划

按照任务书要求和获取的信息，制订防护门改造所需的气缸安装与气路连接与调试、检测传感器连接与调试的工作方案，包括位置确定、气缸、材料、工具，工艺流程，检查调试等工作内容和步骤，制订的方案应考虑绿色环保与节能要求。防护门改造的工作方案见表 4-2，所需材料、工具、器件计划清单见表 4-3。

表 4-2　防护门改造的工作方案

| 步骤名称 | 工作内容 | 负责人 |
|---|---|---|
| | | |
| | | |
| | | |
| | | |
| | | |
| | | |
| | | |
| | | |

表 4-3　材料、工具、器件计划清单

| 序号 | 名称 | 型号和规格 | 单位 | 数量 | 备注 |
|---|---|---|---|---|---|
| | | | | | |
| | | | | | |
| | | | | | |
| | | | | | |
| | | | | | |
| | | | | | |
| | | | | | |
| | | | | | |

| 项目 2　数控机床单元安装与调试 | | 任务 4　数控机床防护门改造与安装 | |
|---|---|---|---|
| 姓名： | 班级： | 日期： | 决策页 |

## 进行决策

对不同组员（或不同组别）的工作计划进行对比、分析、论证，整合完善，形成小组决策，作为工作实施的依据。计划对比分析见表 4-4，控制自动防护门的决策方案见表 4-5，材料、工具、器件最终清单见表 4-6。

表 4-4　计划对比分析

| 组员 | 计划中的优点 | 计划中的缺陷 | 优化方案 |
|---|---|---|---|
| | | | |
| | | | |
| | | | |
| | | | |
| | | | |
| | | | |

表 4-5　控制自动防护门的决策方案

| 步骤名称 | 工作内容 | 负责人 |
|---|---|---|
| | | |
| | | |
| | | |
| | | |
| | | |
| | | |

表 4-6　材料、工具、器件最终清单

| 序号 | 名称 | 型号和规格 | 单位 | 数量 | 备注 |
|---|---|---|---|---|---|
| | | | | | |
| | | | | | |
| | | | | | |
| | | | | | |
| | | | | | |

？引导问题 11：制定安装施工流程框图。

| 项目 2　数控机床单元安装与调试 | | 任务 4　数控机床防护门改造与安装 | |
|---|---|---|---|
| 姓名： | 班级： | 日期： | 实施页 1 |

## 工作实施

根据任务要求，按以下步骤实施智能制造系统集成应用平台数控机床防护门的改造、安装与调试。

### 1. 自动防护门的开关气缸安装步骤

1）安装气缸接头及调速阀，达到接头不漏气、与门连接处紧固，确保气缸安装完成后牢固可靠、无漏气现象。

2）调整气缸安装在数控机床防护门上的位置，确保气缸连杆与防护门的导轨平行、平整。防护门气缸安装位置如图 4-1 所示。

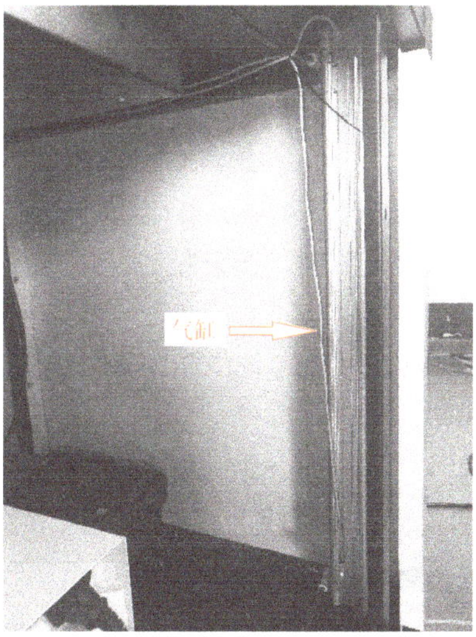


图 4-1　防护门气缸安装位置

3）气缸与防护门连接后，手动推拉防护门以检查防护门的开、关过程是否平稳，门的开、关行程是否在规定范围内。

4）按照连接方案，将气缸气管连接到电磁阀（见图 4-2），注意区分进、排气管的颜色。气缸气管连接电磁阀后，先通过调压阀（见图 4-3）将气动系统气压调至 0.2MPa，用手控电磁阀来控制防护门的开、关动作，检查控制方向是否正确。确认无误后，再将压力调整到正常工作压力范围（0.4 ～ 0.6MPa）。

5）通过气缸侧的调速阀调整防护门的开、关速度，实现运行平稳无异响。因为此项工作是在系统正常压力下进行，因此调整时需注意防止被门夹手。

6）调试完毕后，用扎带固定气管，需注意扎带等间距、扎带留边长度等工艺标准要求，并在相应气管处标注回路标识。

？引导问题 12：气缸在安装调试过程中有哪些安全、环保、节约的相关注意事项？

？引导问题 13：在调试过程实施中，遇到了哪些计划中没有考虑到的问题？是如何解决的？自己的专业认识和职业素养有哪些提高？

| 项目 2　数控机床单元安装与调试 | | 任务 4　数控机床防护门改造与安装 | |
|---|---|---|---|
| 姓名： | 班级： | 日期： | 实施页 2 |

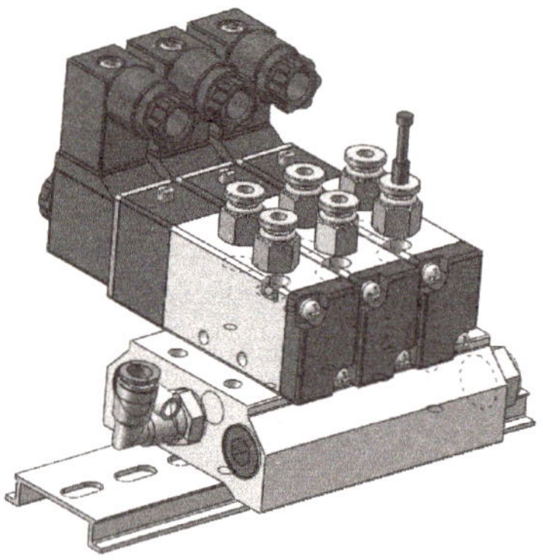

图 4-2　气动电磁阀

图 4-3　调压阀

**2. 防护门的开、关到位检测传感器安装步骤**

1）将防护门关闭后，在关门对应的关门到位传感器支架处安装关门检测传感器，并调整触发位置。然后将防护门打开，同样在开门对应的开门到位传感器支架处安装开门检测传感器，并调整触发位置。开、关门检测传感器采用磁性开关传感器，如图 4-4 所示。

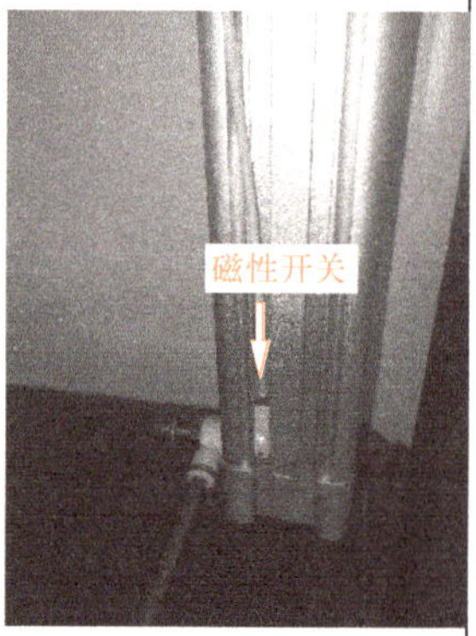


图 4-4　磁性开关传感器

2）将开、关门检测传感器连接到 PLC 控制系统指定的输入地址接口，并按工艺标准要求整理连接线，加标识。

3）手动控制防护门的打开、关闭，在系统输入监控画面观察输入变化，同时观察门的运行位置，如与要求不符，则应进行调整。

**3. 系统控制防护门开关的调试步骤**

1）通过手动功能按键手动按下开门键时，防护门能够自动开门到位，此时开门到位指示灯点亮；手动按下关门键时，防护门能够自动关门到位，此时关门指示灯点亮。如异常，则进行调整。

2）将数控系统工作模式切换到自动模式，通过数控机床 M 代码控制数控机床防护门的开关。如异常，则检查 M 代码程序。

3）将系统调到联机状态，检查远程操控防护门开关的功能，以及防护门开关状态的反馈情况。

？引导问题 14：防护门开关的状态反馈系统的目的是什么？

？引导问题 15：在调整过程中，传感器的检测范围与安装位置有何关系？

？引导问题 16：说明数控系统对防护门的控制过程。

？引导问题 17：参考防护门的改造过程，思考数控机床夹具在系统控制下完成夹紧与松开的技术改造方案。

| 项目 2　数控机床单元安装与调试 | | 任务 4　数控机床防护门改造与安装 | |
|---|---|---|---|
| 姓名： | 班级： | 日期： | 检查页 |

## 检查验收

根据数控机床自动防护门的工作情况，按照验收标准对任务完成情况进行检查验收和评价，包括工艺质量、施工质量、防护门运动的稳定性和定位准确性等，并将验收问题及其整改措施、完成时间进行记录。验收标准及评分表见表 4-7，验收过程问题记录表见表 4-8。

表 4-7　验收标准及评分表

| 序号 | 验收项目 | 验收标准 | 分值 | 教师评分 | 备注 |
|---|---|---|---|---|---|
| 1 | 气缸安装 | 位置准确，牢固、无漏气，操作规范，符合工艺要求 | 20 | | |
| 2 | 传感器安装 | 位置准确，控制正确，工艺规范 | 20 | | |
| 3 | 门的运行调试 | 调试步骤正确，门开关平稳 | 20 | | |
| 4 | 开关门状态检测 | 步骤正确，调试通过 | 20 | | |
| 5 | 系统联机运行 | 过程准确、顺利 | 20 | | |
| 合计 | | | 100 | | |

表 4-8　验收过程问题记录表

| 序号 | 验收问题记录 | 整改措施 | 完成时间 | 备注 |
|---|---|---|---|---|
| | | | | |
| | | | | |
| | | | | |
| | | | | |
| | | | | |
| | | | | |

？引导问题 18：防护门开门和关门的行程应如何调整？

？引导问题 19：防护门的开门或关门出现定位不准确的原因是什么？

**小提示**

数控机床自动门控制：在数控机床与智能系统联机后实现门自动控制，并与上下料机器人联动。

| 项目 2　数控机床单元安装与调试 | | 任务 4　数控机床防护门改造与安装 | |
|---|---|---|---|
| 姓名： | 班级： | 日期： | 评价页 |

## 评价反馈

各组展示任务完成情况，介绍任务的完成过程并提交阐述材料，进行学生自评、学生组内互评、教师评价，完成考核评价表（见表 4-9）。

？引导问题 20：在本次任务完成过程中，给你印象最深的是哪件事？自己的职业能力有哪些明显提高？

？引导问题 21：你对数控系统了解多少？还想继续学习关于数控系统的哪些内容？

表 4-9　考核评价表

| 评价项目 | 评价内容 | 分值 | 自评 20% | 互评 20% | 教师评价 60% | 合计 |
|---|---|---|---|---|---|---|
| 职业素养 40 分 | 爱岗敬业、安全意识、责任意识、服从意识 | 10 | | | | |
| | 积极参加任务活动，按时完成工作页 | 10 | | | | |
| | 团队合作、交流沟通能力、集体主义精神 | 10 | | | | |
| | 劳动纪律，职业道德 | 5 | | | | |
| | 现场 6S 标准，行为规范 | 5 | | | | |
| 专业能力 60 分 | 专业资料检索能力，中外品牌分析能力 | 10 | | | | |
| | 制订计划能力，严谨认真 | 10 | | | | |
| | 操作符合规范，精益求精 | 15 | | | | |
| | 工作效率，分工协作 | 10 | | | | |
| | 任务验收质量，质量意识 | 15 | | | | |
| 合计 | | 100 | | | | |
| 创新能力 加分 20 分 | 创新性思维和行动 | 20 | | | | |
| 总计 | | 120 | | | | |
| 教师签名： | | | 学生签名： | | | |

| 项目 2　数控机床单元安装与调试 | | 任务 4　数控机床防护门改造与安装 | |
|---|---|---|---|
| 姓名： | 班级： | 日期： | 知识页 |

**相关知识点：** 气动系统知识，数控加工知识

## 一、气动技术基本知识

1. 气动技术中常用的单位
2. 气动控制装置的特点
3. 气动系统的组成

## 二、空气处理元件

1. 空气滤清器
2. 油雾分离器
3. 空气干燥器
4. 调压阀（减压阀）
5. 油雾器

## 三、控制元件

1. 方向控制阀
2. 流量控制阀
3. 压力控制阀

## 四、执行元件

气缸、气动马达

## 五、数控机床简介

数控铣床是一种加工功能很强的数控机床，迅速发展起来的加工中心、柔性加工单元等都是在数控铣床、数控镗床的基础上产生的，两者都离不开铣削方式。由于数控铣削工艺最复杂，需要解决的技术问题也最多，因此研究和开发数控系统及自动编程语言的软件时一直把铣削加工作为重点。

扫码看知识 4：

气动系统知识，数控加工知识

扫码看视频 2：

数控加工中心防护门动作

# 任务 5 数控机床摄像头安装与调试

| 项目 2 数控机床单元安装与调试 | | 任务 5 数控机床摄像头安装与调试 | |
|---|---|---|---|
| 姓名: | 班级: | 日期: | 任务页 1 |

## 学习任务描述

摄像头(CAMERA 或 WEBCAM)又称为电脑相机、电子眼等,是一种视频输入设备,被广泛地应用于视频会议、远程医疗及工业现场。为便于观察零件的加工过程及监测整个智能制造系统集成应用平台的运行情况,数控机床内、外一般安装有摄像头。本学习任务要求掌握数控机床内摄像头安装与调试的知识和技能,达到视角及画面清晰、视频画面系统可应用的效果。

## 学习目标

1)通过信息查询获得摄像头的相关知识,包括知名品牌、产品性能、应用领域、技术特点、国内品牌后来居上的过程,培养民族自豪感。

2)根据技术资料了解摄像头的工作过程。

3)通过小组合作培养团队协作精神,制订摄像头的安装与调试工作方案。

4)在教师指导下,按照工艺要求完成摄像头的安装与调试操作,并培养严谨、认真的职业素养。

5)小组进行施工检查验收,解决摄像头安装与调试中存在的问题。注重过程性评价,注重综合素养的培养和提升。

## 任务书

在智能制造系统集成应用平台中,当工业机器人完成零件毛坯的上料搬运后,数控机床将进行零件加工,此时,机床内、外的摄像头将能清晰摄制整个的加工过程,并上传至硬盘录像机,MES 系统也可通过插件查看摄像视频。数控机床内外摄像头的安装位置、视角与画面的调试精度直接影响着智能制造系统的加工监控功能。请完成对数控机床摄像头的安装与调试。数控机床内摄像头如图 5-1 所示,外摄像头如图 5-2 所示。摄像头调整要求为:内摄像头清晰地看到机床内零件的加工过程,如图 5-3 所示;外摄像头能清晰地看到每个单元的工作过程,如图 5-4 所示。

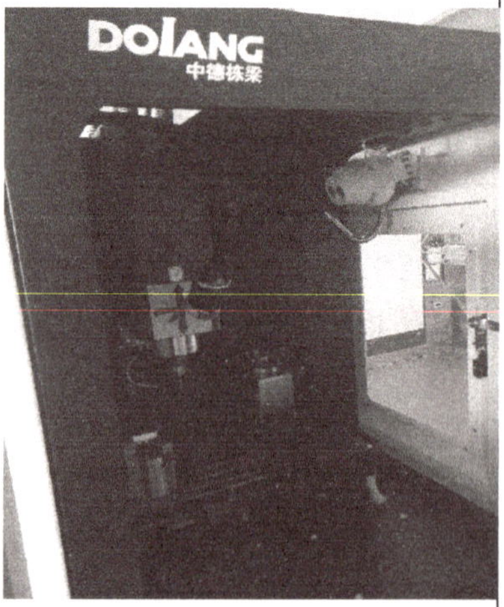


图 5-1 数控机床内摄像头

| 项目 2　数控机床单元安装与调试 | | 任务 5　数控机床摄像头安装与调试 | |
|---|---|---|---|
| 姓名： | 班级： | 日期： | 任务页 2 |

图 5-2　数控机床外摄像头

图 5-3　机床内摄像头观察样例

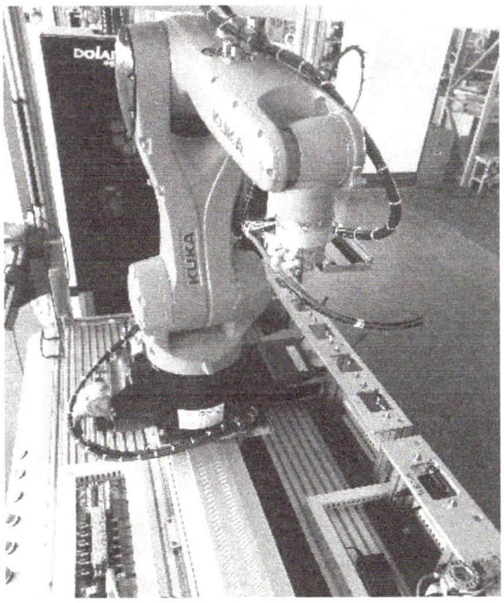

图 5-4　机床外摄像头观察样例

| 项目 2　数控机床单元安装与调试 | | 任务 5　数控机床摄像头安装与调试 | |
|---|---|---|---|
| 姓名： | 班级： | 日期： | 任务页 3 |

## 任务分组

将班级学生分组，可 4 ～ 8 人为一组，轮值安排组长，使每个人都有培养组织协调能力和管理能力的机会。各组任务可以相同或不同，明确每组的人员和任务分工，注意培养团队协作能力。任务分工表见表 5-1。

表 5-1　任务分工表

| 班级 | | 组号 | | 任务 | |
|---|---|---|---|---|---|
| 组长 | | 时间段 | | 指导教师 | |
| 姓名 | 学号 | 任务分工 | | | 备注 |
| | | | | | |
| | | | | | |
| | | | | | |
| | | | | | |
| | | | | | |
| | | | | | |
| | | | | | |
| | | | | | |

| 项目 2　数控机床单元安装与调试 | | 任务 5　数控机床摄像头安装与调试 | |
|---|---|---|---|
| 姓名： | 班级： | 日期： | 信息页 |

## 获取信息

? 引导问题 1：自主学习摄像头应用的基础知识。

? 引导问题 2：查阅资料，了解摄像头的参数含义。

? 引导问题 3：影响摄像头性能的参数主要有哪几个？

? 引导问题 4：机床摄像头由几部分组成？各部分的作用是什么？

? 引导问题 5：图 5-5 为摄像头外形图，请说明图中摄像头的线缆作用。

? 引导问题 6：请问什么是 POE 供电？

? 引导问题 7：机床摄像头固定底座如何定位？

? 引导问题 8：机床摄像头有几个方向的自由度？

? 引导问题 9：如何连接机床摄像头？

? 引导问题 10：如何激活机床摄像头？

? 引导问题 11：如何调整机床摄像头？

? 引导问题 12：机床摄像头是定焦还是变焦的？

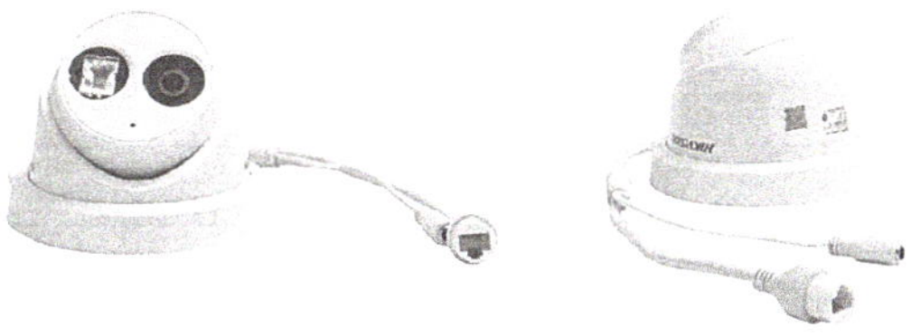


图 5-5　机床摄像头外形

### 小提示

1）机床摄像头主要参数见表 5-2。

表 5-2　机床摄像头主要参数

| | |
|---|---|
| 产品功能 | 日夜转换，宽动态，红外灯 |
| 成像色彩 | 彩色 |
| 成像器件 | (1/2.7) in① Progressive Scan CMOS |
| 像素、分辨率 | 有效像素 400 万，分辨率 2560×1440 |
| 镜头参数 | 4mm |
| 最低照度 | 0.005Lux@（F1.2，AGC ON），0Lux with IR |
| 电子快门 | (1/3) s 至 (1/100000) s |
| 日夜转换模式 | ICR 红外滤片式 |
| 压缩格式 | 视频压缩：H.265 / H.264 / MJPEG，压缩输出码率：32kbit/s ~ 8Mbit/s |
| 视频帧率 | 50Hz：25fps（2560×1440，1920×1280，1280×720） |

① 1in=2.54cm。

2）通过客户端软件激活摄像头的步骤。可以通过三种方式激活摄像头，分别是通过 SADP 软件、客户端软件或浏览器方式激活。摄像头出厂初始信息为：① IP 地址：192.168.1.64；② HTTP 端口：80；③管理用户：admin。

| 项目 2　数控机床单元安装与调试 | | 任务 5　数控机床摄像头安装与调试 | |
|---|---|---|---|
| 姓名： | 班级： | 日期： | 计划页 |

## 工作计划

按照任务书要求和获取的信息，制订机床内外摄像头安装与调试方案，包括器件、材料、工具准备，工作流程安排，安装调试等工作内容和步骤。方案要考虑监视者的视角，机床摄像头安装与调试方案见表 5-3，器件、材料、工具计划清单见表 5-4。

表 5-3　机床摄像头安装与调试方案

| 步骤名称 | 工作内容 | 负责人 |
|---|---|---|
| | | |
| | | |
| | | |
| | | |
| | | |
| | | |
| | | |
| | | |

表 5-4　器件、材料、工具计划清单

| 序号 | 名称 | 型号和规格 | 单位 | 数量 | 备注 |
|---|---|---|---|---|---|
| | | | | | |
| | | | | | |
| | | | | | |
| | | | | | |
| | | | | | |
| | | | | | |
| | | | | | |
| | | | | | |

| 项目 2　数控机床单元安装与调试 | | 任务 5　数控机床摄像头安装与调试 | |
|---|---|---|---|
| 姓名： | 班级： | 日期： | 决策页 |

## 进行决策

由不同组员（或不同组别）对工作计划、施工方案进行对比、分析、论证，整合完善，形成小组决策，作为工作实施的依据。机床摄像头安装方案见表 5-5，材料、工具、器件最终清单见表 5-6。

表 5-5　机床摄像头安装方案

| 步骤名称 | 进行对比分析，确定工作内容 | 负责人 |
|---|---|---|
| | | |
| | | |
| | | |
| | | |
| | | |
| | | |
| | | |
| | | |

表 5-6　材料、工具、器件最终清单

| 序号 | 名称 | 型号和规格 | 单位 | 数量 | 备注 |
|---|---|---|---|---|---|
| | | | | | |
| | | | | | |
| | | | | | |
| | | | | | |
| | | | | | |
| | | | | | |
| | | | | | |
| | | | | | |

？引导问题 13：画出机床内摄像头安装调整流程框图。

| 项目 2　数控机床单元安装与调试 | | 任务 5　数控机床摄像头安装与调试 | |
|---|---|---|---|
| 姓名： | 班级： | 日期： | 实施页 1 |

## 工作实施

按以下步骤完成机床摄像头安装调试。

### 1. 机床摄像头的安装步骤

1）拧开紧固螺钉，向上取出摄像头机身，再将固定罩沿逆时针方向旋转取出，拆卸固定环、球芯和底座，拆卸摄像头如图 5-6 所示。

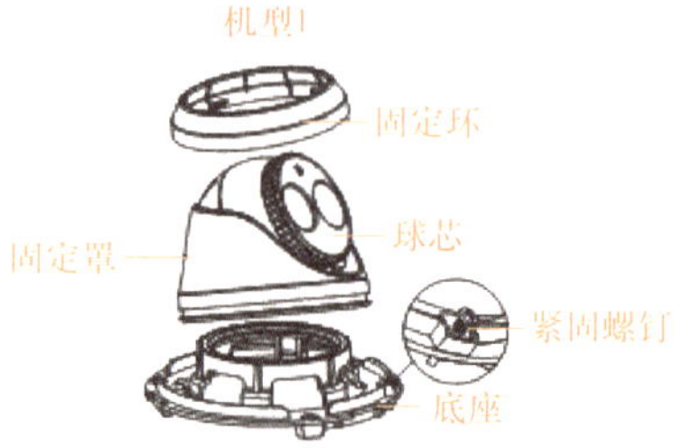

图 5-6　拆卸摄像头

2）固定底座：用随机附带的螺钉自下往上将摄像头底座固定到支架上。

3）整理并连接线缆：整理并连接摄像头的网线线缆。

4）固定摄像头：将摄像头和底座旋紧。

### 2. 摄像头与硬盘刻录机的连接

摄像头与硬盘刻录机的连接如图 5-7 所示。

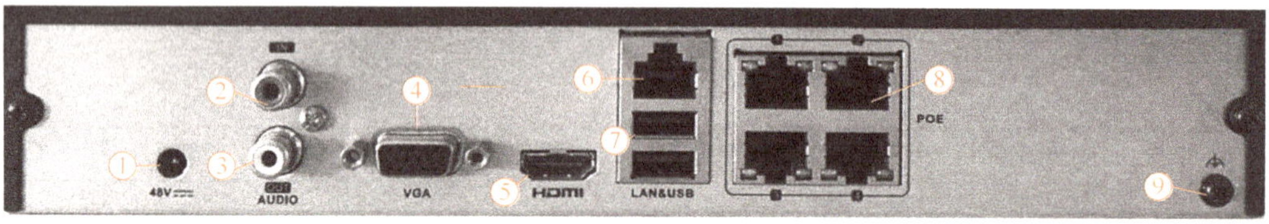

图 5-7　摄像头与硬盘刻录机的连接

其中，图 5-7 中各标号含义如下。

①：DC48V 电源输入。

②：AUDIO IN 音频输入接口，一般采用 RCA 接头。

③：AUDIO OUT 视频输出接口，一般采用 BNC 接头。

④：VGA 接口，用于连接显示器。

⑤：HDMI 接口，通过高清线与显示器或电视连接（首次设置 IP 地址需要连接）。

⑥：LAN 以太网口，与无线路由器“LIN”通过网线连接。

⑦：USB 接口，用于连接 U 盘、鼠标等设备。

⑧：POE 摄像头直连网口。

⑨：接地线。

### 3. 摄像头激活设备

1）首先，通过高清线连接显示器或电视进行以下操作。

① 进入激活界面。设备开机后，自动弹出调整分辨率的确认框，用户按需选择是否调整。选择后进入激活界面。

| 项目 2　数控机床单元安装与调试 | | 任务 5　数控机床摄像头安装与调试 | |
|---|---|---|---|
| 姓名： | 班级： | 日期： | 实施页 2 |

进入激活界面后，账号默认为“admin”，设置“admin”用户的密码为“dolang1998”。设置摄像机激活密码或勾选与设备密码保持一致，单击激活按钮，在弹出的对话框中选择“不使用图案解锁”。

② 开机向导。设置设备时间，默认不变，单击“下一步”按钮。

③ 设置网络。

把“自动获取 IP 地址”按钮关闭，IP 地址设为 192.168.1.100；子网掩码设为 255.255.255.0；默认网关设为 192.168.1.1；首选 DNS 服务器可以不用设置，完成后单击“下一步”按钮。

④ 设置平台接入，默认单击“下一步”按钮。

⑤ 设置 IP 通道，默认单击“下一步”按钮。

⑥ 添加硬盘，默认单击“下一步”按钮。单击完成。

2）再通过计算机一体机、台式计算机或笔记本计算机进行以下操作，通过浏览器访问设备。

① 将设备连接到电子计算机所在的局域网中。

② 修改计算机 IP 地址和设备 IP 地址在同一网段。

③ 在浏览器中输入设备 IP 地址（192.168.1.100），系统会自动弹出登录界面。

④ 填写用户名及密码，用户名：admin；密码：dolang1998。

### 4. 浏览摄像头画面

摄像头画面如图 5-8 所示，“1”区域内变为黑色常亮，表示摄像头连接在线，“2”区域可以调整显示画面个数，可切换单画面或四方格画面。

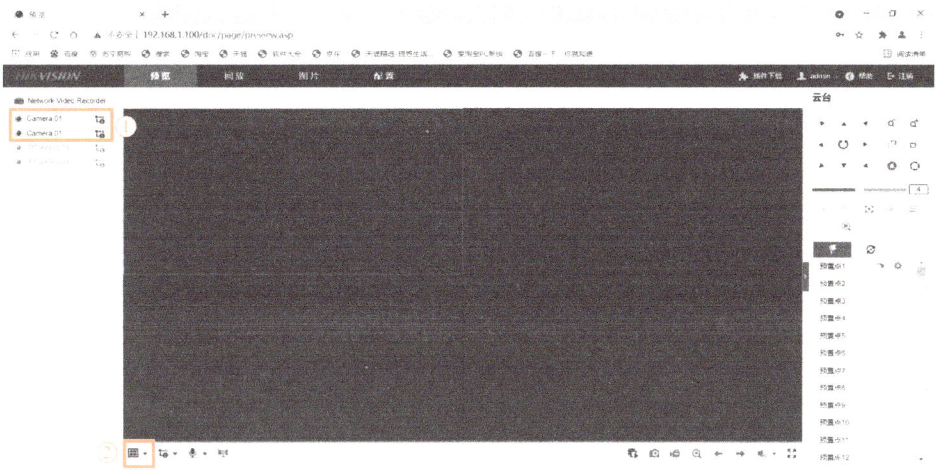

图 5-8　摄像头画面

### 5. 摄像头不在线的问题处理

如果“1”区域内有一个没亮或都不亮则表示摄像头不在线，首先确定是否与摄像头连接。在连接“1”“2”正确的情况下进行操作：选择“配置→系统→通道管理→通道配置→ IP 通道”。

状态为“在线”，表示添加成功，可预览图像。状态为“不在线”，表示摄像头未连接到设备，根据①区域状态提示信息重新配置。点击②区域内小锁重置密码。

| 项目 2　数控机床单元安装与调试 | | 任务 5　数控机床摄像头安装与调试 | |
|---|---|---|---|
| 姓名： | 班级： | 日期： | 实施页 3 |

1）手机扫描硬盘录像机上的二维码，进入海康威视小程序，单击“密码恢复”。

2）选择“摄像头”，滑动到最下方单击“开始扫码”。

3）手机扫描计算机生成的二维码，填写扫描后生成的“安全码 / 串号”。

4）设置新密码与登录密码一致（密码：dolang1998），单击“确认”。

5）选择“配置→系统→系统维护→重启”，重新启动硬盘录像机。

6）重启后状态显示为在线，说明可正常浏览监控画面。

7）当状态①区域为“不在线”，查看错误提示，并进行下面的操作：

选择“配置→系统→通道管理→通道配置→ IP 通道”，单击选择报错的通道号（整行变成深灰色表示已选择）。

输入密码，完成激活。因为在开机向导“摄像机激活密码”中勾选“与设备密码保持一致”，所以输入登录密码“dolang1998”即可。

激活完成后状态显示“在线”，表示可以正常预览。

**6. 视音频设置**

1）选择“配置→视音频→通道选择 [D1]”。

2）“码率上限”改为“6144”，“视频编码”改为“H.264”。

3）单击“保存”按钮，右下角提示“保存成功”。

4）选择“预览”，单击选中一个画面，双击“ IPCamera01”，若右下角提示“预览失败”，则需要下载插件。

5）单击右上角“插件下载”，完成下载。安装插件，单击“运行”。自动安装，单击“完成”。

**小提示**

机床摄像头安装调试过程的步骤及页面显示，可参考本任务“知识页”。

？引导问题 14：机床摄像头安装与调试工作中有哪些安全注意事项？

？引导问题 15 ：在摄像头调试过程中，如何将三轴调节与紧固螺钉弧型孔调整结合，制定最优的调节步骤？

？引导问题 16：若视频图像不连续，应采取哪些措施？

| 项目 2　数控机床单元安装与调试 | | 任务 5　数控机床摄像头安装与调试 | |
|---|---|---|---|
| 姓名： | 班级： | 日期： | 检查页 |

## 检查验收

根据监视器上的视频图像与摄像头的牢固情况，按照验收标准对任务完成情况进行检查验收和评价，包括施工质量、视频图像的清晰度与监视完整性等，并将验收问题及其整改措施、完成时间进行记录。验收标准及评分表见表 5-7，验收过程问题记录表见表 5-8。

表 5-7　验收标准及评分表

| 序号 | 验收项目 | 验收标准 | 分值 | 教师评分 | 备注 |
|---|---|---|---|---|---|
| 1 | 摄像头的安装质量 | 紧固螺钉安装牢固，固定环固定完好 | 20 | | |
| 2 | 摄像头的安装调试 | 视角调整符合系统要求 | 20 | | |
| 3 | 视频图像的清晰度 | 视频图像清晰 | 20 | | |
| 4 | 视频图像监视完整性 | 参数设置正确，视频图像监视完整 | 20 | | |
| 5 | 功能实现度 | 主界面完成预览、回放、查看和下载 | 20 | | |
| 合计 | | | 100 | | |

表 5-8　验收过程问题记录表

| 序号 | 验收问题记录 | 整改措施 | 完成时间 | 备注 |
|---|---|---|---|---|
| | | | | |
| | | | | |
| | | | | |
| | | | | |
| | | | | |
| | | | | |

**小提示**

镜头、半球透明球罩、红外摄像头的维护。

1）沾染灰尘时：使用无油软刷或吹风皮球轻轻弹吹灰尘。

2）沾染油脂时：将水滴或油用软布轻轻拭去并使之干燥，再用无油棉布或镜头清洁纸沾上酒精或镜头清洁液后自镜头中心向外擦拭。可换布反复擦拭数次。

| 项目 2 数控机床单元安装与调试 | | 任务 5 数控机床摄像头安装与调试 | |
|---|---|---|---|
| 姓名： | 班级： | 日期： | 评价页 |

## 评价反馈

各组介绍任务的完成过程并提交阐述材料，进行学生自评、学生组内互评、教师评价，完成考核评价表（见表 5-9）。

？引导问题 17：在工作实施中，遇到了哪些计划中没有考虑到的问题？是如何解决的？自己的专业知识和职业素养有哪些提高？

？引导问题 18：在本次任务完成过程中，给你印象最深的是哪件事？自己的职业能力有哪些明显提高？

？引导问题 19：你还想继续学习关于摄像头的哪些内容？

表 5-9　考核评价表

| 评价项目 | 评价内容 | 分值 | 自评 20% | 互评 20% | 教师评价 60% | 合计 |
|---|---|---|---|---|---|---|
| 职业素养 40 分 | 爱岗敬业、安全意识、责任意识、服从意识 | 10 | | | | |
| | 积极参加任务活动，按时完成工作页 | 10 | | | | |
| | 团队合作、交流沟通能力、集体主义精神 | 10 | | | | |
| | 劳动纪律，职业道德 | 5 | | | | |
| | 现场 6S 标准，行为规范 | 5 | | | | |
| 专业能力 60 分 | 专业资料检索能力，中外品牌分析能力 | 10 | | | | |
| | 制订计划能力，严谨认真 | 10 | | | | |
| | 操作符合规范，精益求精 | 15 | | | | |
| | 工作效率，分工协作 | 10 | | | | |
| | 任务验收质量，质量意识 | 15 | | | | |
| 合计 | | 100 | | | | |
| 创新能力 加分 20 分 | 创新性思维和行动 | 20 | | | | |
| 总计 | | 120 | | | | |
| 教师签名： | | | 学生签名： | | | |

| 项目 2　数控机床单元安装与调试 | | 任务 5　数控机床摄像头安装与调试 | |
|---|---|---|---|
| 姓名： | 班级： | 日期： | 知识页 |

## 相关知识点：摄像头应用知识

### 一、摄像头概述

### 二、工作原理

摄像头主要由镜头、图像传感器、模 / 数转换电路、数字信号处理芯片四大部分构成。首先，发射至物体的光在物体表面发生反射，反射光通过镜头传输至图像传感器上；其次，图像传感器接收反射光并将光信号转换为电信号传递至模 / 数转换电路中；最后，模 / 数转换电路将接收到的模拟电信号转换为数字电信号，并传送至数字信号处理芯片中对其进行加工处理，此后，就可以通过 USB 接口将最终处理后的信号传递至计算机上，将图像通过显示器显示出来。

### 三、应用配置

摄像头种类有夜视、防水、网络、数字、红外及防爆等，可根据生产和生活的应用需要来选择。

### 四、摄像头的主要参数

（1）分辨率；（2）清晰度；（3）信噪比。

### 五、注意事项

### 六、摄像头的安装方法

1. 机床摄像头的安装步骤
2. 摄像头与硬盘刻录机的连接
3. 摄像头激活设备
4. 浏览摄像头画面
5. 视音频设置
6. 画面预览

扫码看知识 5：

摄像头应用知识

# 任务6 数控机床在线测量装置安装

| 项目2 数控机床单元安装与调试 | | 任务6 数控机床在线测量装置安装 | |
|---|---|---|---|
| 姓名： | 班级： | 日期： | 任务页1 |

## 学习任务描述

数控机床专用测头是一种在线测量装置，用于数控机床的在线测量。在旋转刀库，将主轴刀具更换为测头，通过机床主轴运动实现对工件不同部位的测量，数控系统根据测头的测量结果，自动修正加工路径，从而实现闭环控制。本学习任务要求学生掌握安装数控机床在线测量装置的知识与技能，达到智能制造系统要求的效果。

## 学习目标

1）通过信息查询了解本机床所用的在线测量装置，包括知名品牌、产品性能、应用领域、技术特点，培养民族自豪感。

2）通过查阅资料，正视我国与世界知名品牌的差距，学习国外先进技术的同时努力推动和帮助国产在线测量装置的发展、应用和改进。

3）根据技术资料理解在线测量装置的工作过程。

4）通过小组合作培养团队协作精神，制订测头安装的工作计划。

5）在教师指导下，按照工艺要求，完成测头和测头接收器的安装，并培养严谨、守纪的职业素养。

6）在教师指导下，根据测头的安装使用指南完成测针安装、测头调试等操作，并培养精益求精的工匠精神。

7）小组进行施工检查验收，解决测头安装使用中存在的问题。注重过程性评价，注重综合素养的培养和提升。

## 任务书

在智能制造系统集成应用平台中，数控机床加工零件时，使用在线测量装置直接对刀具或工件的尺寸及位置进行自动测量，并根据测量结果自动修正工件或刀具的偏置量，再进行二次加工，得到合格的产品。请完成数控机床在线测量装置的安装。数控机床在线测量装置示意图如图6-1所示。

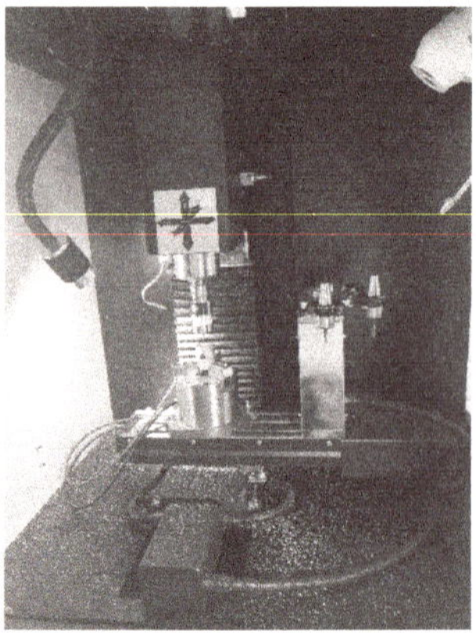

图6-1 数控机床在线测量装置示意图

| 项目 2　数控机床单元安装与调试 | | 任务 6　数控机床在线测量装置安装 | |
|---|---|---|---|
| 姓名： | 班级： | 日期： | 任务页 2 |

## 任务分组

将班级学生分组，可 4 ～ 8 人为一组，轮值安排组长，使每个人都有培养组织协调能力和管理能力的机会。各组任务可以相同或不同，明确每组的人员和任务分工，注意培养团队协作能力。任务分工表见表 6-1。

表 6-1　任务分工表

| 班级 | | 组号 | | 任务 | |
|---|---|---|---|---|---|
| 组长 | | 时间段 | | 指教教师 | |
| 姓名 | 学号 | 任务分工 | | | 备注 |
| | | | | | |
| | | | | | |
| | | | | | |
| | | | | | |
| | | | | | |
| | | | | | |
| | | | | | |
| | | | | | |

| 项目 2 数控机床单元安装与调试 | | 任务 6 数控机床在线测量装置安装 | |
|---|---|---|---|
| 姓名： | 班级： | 日期： | 信息页 1 |

## 获取信息

？引导问题 1：自主学习数控机床在线测量的基础知识。

？引导问题 2：查阅资料，了解数控机床测头的工作原理。

？引导问题 3：数控机床在线测量又称为在机测量 OMI（On Machine Inspection），其具体含义是什么？

？引导问题 4：数控机床在线测量系统有哪些优点？

？引导问题 5：分析图 6-2，说明智能制造系统数控机床在线测量单元由哪几部分组成。

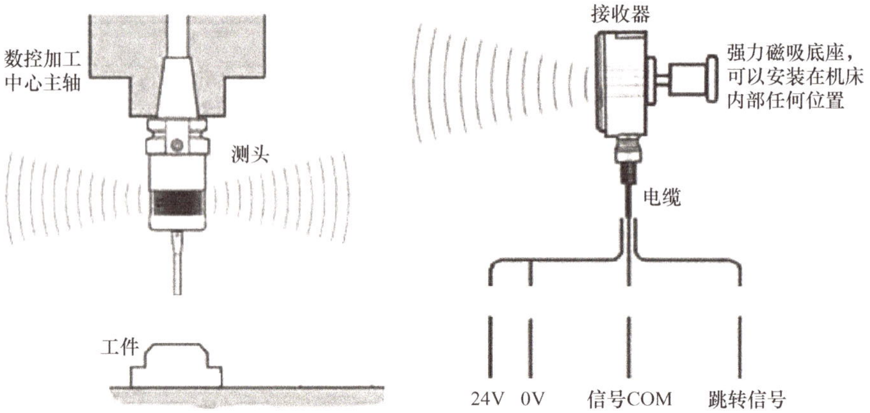


图 6-2 使用无线电传输的 DRP40 测头配合 DRR-1 系统

？引导问题 6：参考图 6-3，DRP40 是由________、________依次组合在一起的。

图 6-3 智能制造系统中使用的 DRP40 测头

| 项目 2　数控机床单元安装与调试 | | 任务 6　数控机床在线测量装置安装 | |
|---|---|---|---|
| 姓名： | 班级： | 日期： | 信息页 2 |

? 引导问题 7：参考图 6-4 说明测针是如何安装到测针座的?

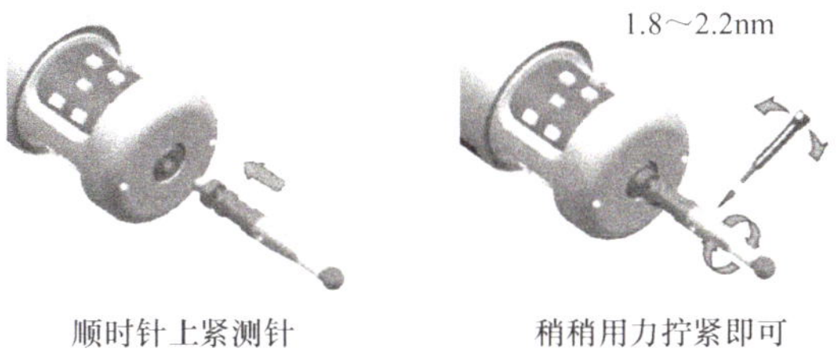


图 6-4　测针安装旋紧示例

? 引导问题 8：参见图 6-7，查找资料说明测头电池是如何安装的。

? 引导问题 9：查找资料，参考图 6-5，说明测头刀长的设定过程。

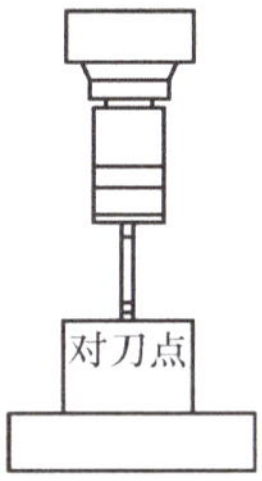


图 6-5　测头刀长设定样例

? 引导问题 10：请说明接收器的接头具体接线方式。

| 项目 2　数控机床单元安装与调试 | | 任务 6　数控机床在线测量装置安装 | |
|---|---|---|---|
| 姓名： | 班级： | 日期： | 计划页 |

## 工作计划

按照任务书要求和获取的信息制订安装一个全新在线测量单元（测头与接收器）的工作方案，包括材料、工具、器件准备，工艺流程安排，检查等工作内容和步骤，方案需要考虑到安全、清洁要素。完成安装工作方案，材料、工具、器件清单两个表格。在线测量装置安装工作方案见表 6-2，材料、工具、器件计划清单见表 6-3。

表 6-2　在线测量装置安装工作方案

| 步骤名称 | 工作内容 | 负责人 |
|---|---|---|
| | | |
| | | |
| | | |
| | | |
| | | |
| | | |
| | | |
| | | |

表 6-3　材料、工具、器件计划清单

| 序号 | 名称 | 型号和规格 | 单位 | 数量 | 备注 |
|---|---|---|---|---|---|
| | | | | | |
| | | | | | |
| | | | | | |
| | | | | | |
| | | | | | |
| | | | | | |
| | | | | | |
| | | | | | |

| 项目 2　数控机床单元安装与调试 | | 任务 6　数控机床在线测量装置安装 | |
|---|---|---|---|
| 姓名： | 班级： | 日期： | 决策页 |

## 进行决策

对不同组员（或不同组别）的工作计划进行选材、工艺、施工方案的对比、分析、论证，整合完善，形成小组决策，作为工作实施的依据。数控机床在线测量装置安装方案见表 6-4，材料、工具、器件最终清单见表 6-5。

表 6-4　数控机床在线测量装置安装方案

| 步骤名称 | 对比分析，确定工作内容 | 负责人 |
|---|---|---|
| | | |
| | | |
| | | |
| | | |
| | | |
| | | |
| | | |
| | | |

表 6-5　材料、工具、器件最终清单

| 序号 | 名称 | 型号和规格 | 单位 | 数量 | 备注 |
|---|---|---|---|---|---|
| | | | | | |
| | | | | | |
| | | | | | |
| | | | | | |
| | | | | | |
| | | | | | |
| | | | | | |
| | | | | | |

? 引导问题 11：画出数控机床在线测量装置的安装流程框图。

| 项目 2　数控机床单元安装与调试 | | 任务 6　数控机床在线测量装置安装 | |
|---|---|---|---|
| 姓名： | 班级： | 日期： | 实施页 1 |

## 工作实施

数控机床在线测量装置的安装步骤。

**1. 将测头安装到刀柄**

1）将测针旋入测针座，当测针拧到位时，用专用圆柱扳手在侧面用螺钉拧紧，参见图 6-4。

2）先将拉钉与刀柄装好（螺纹连接），再将测针座装入刀柄，之后用刀柄上两个 M5×12 螺钉适当固定测针座。将测头上的 4 个螺钉适当拧紧但不紧死，以便于后面调整。

**2. 调整测针同心度**

1）将测头装入机床主轴中，测针的径向最高点需要碰触千分表，并旋转主轴 360° 观察测杆的圆周跳动，如图 6-6 所示。

2）通过刀柄上的两颗 M5×12 尖头螺钉把测头固定在刀柄配合面，建议使用不大于 2N·m 的扭力。

3）再通过测头顶部安装环的 4 颗 M5×6 平头螺钉调整测针的径向跳动。（调整方法：摆动最大的方向的螺钉须松开，同时对向的螺钉需要马上锁紧；再次检查跳动值，把摆动最大的方向的螺钉松开，同时对向的螺钉需要马上锁紧。如此循环下去，直至摆动小于 0.02mm）。

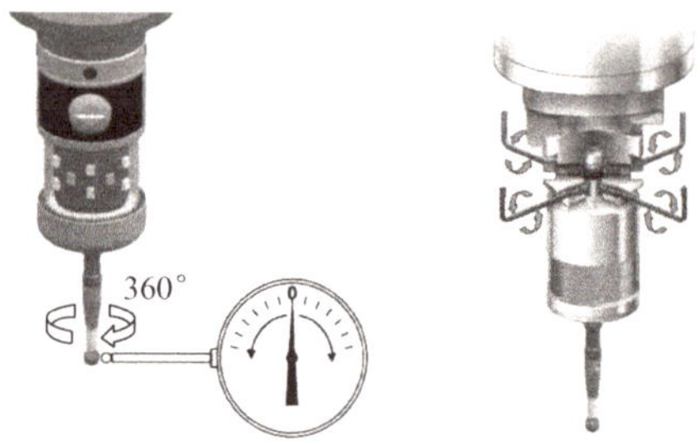

图 6-6　调整测针同心度示意图

4）当摆动值小于 0.02mm 时，无须把摆动最大方向的螺钉松开，可以直接把摆动最小方向螺钉用稍大力锁紧，直至摆动小于 0.005mm 为止（测量精度要求高时，建议控制到 0.002mm 以内）。

5）此时，再把刀柄上面的两颗 M5×12 尖头螺钉再次锁紧，再旋转主轴 360° 观察测杆的圆周跳动是否在理想范围内。

6）对于红宝石球针，千分表须接触到红宝石球体最大直径；对于圆柱平底针，千分表一般对准测针底部上移 1～2mm 的位置。

**3. 设定测头长度**

根据加工零件的刀具对刀面，选择合适的对刀点。操作数控机床 Z 轴按常速向下移动，当测针下降至对刀点上方 5～10mm 处时，改用慢速把测针向下移动，直到测头的绿灯亮起并闪烁，此时须在 5s 内把测针抬起至测头灯熄灭，以完成测头长度标定。

**4. 安装测头电池**

DRP40 型测头采用两节 LS14250 锂电池作为电源，更换电池时，可用硬币作为扳手拆卸和安装电池仓盖。安装电池仓盖时，要注意防止丢失或在安装时损坏其边缘上的 O 形密封圈。电池仓盖要拧紧，顺时针拧紧电池盖，逆时针松开电池盖，应确保电池仓的可靠密封。图 6-7 所示为安装电池样例。

| 项目 2　数控机床单元安装与调试 | | 任务 6　数控机床在线测量装置安装 | |
|---|---|---|---|
| 姓名： | 班级： | 日期： | 实施页 2 |

5. 安装测头接收器

DRR-1 型无线电测头接收器直径为 52mm，使用万向调节机构先将背后强力磁铁安装于机床金属机体上，将接收面对准测头方向，最后接上四芯电缆。无线电传输测头的接线方式如图 6-8 所示。对于 KND 数控系统 K1000M-C，对应接线为：红色线接机床 24V 电源，黑色线接机床 0V 电源，绿色线 X1.7（SKIP）接机床跳转信号接口，黄色线接机床跳转信号 COM 口。

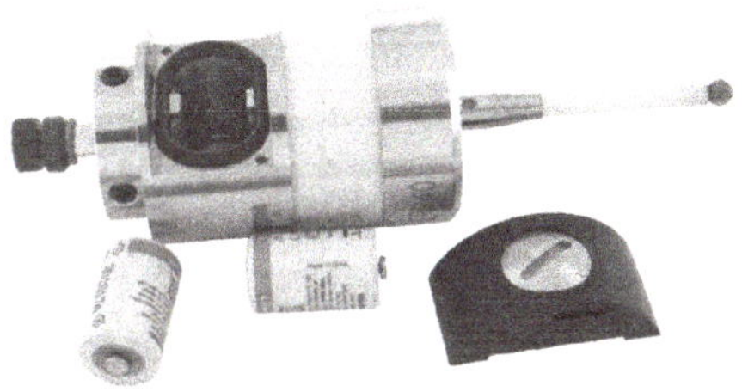

图 6-7　安装电池样例

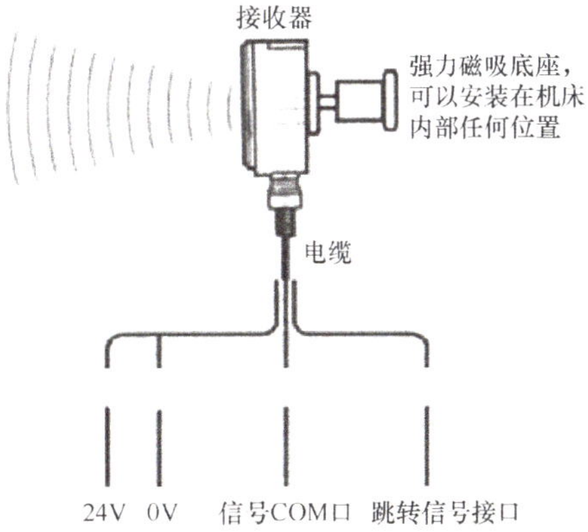


图 6-8　无线电传输测头接线方式

小提示

测针同心度调整操作注意事项：

测针位置调整机构能使主体相对于刀柄部向四周任意方向移动 0 ～ 0.9mm。当旋紧任意一个螺钉时，意味着其对面螺钉也被旋紧，所以，如果要旋紧的螺钉已经很紧，无法继续旋紧时，应先将其对面螺钉适当松开。螺钉旋向与测针移动方向的关系：旋紧调整螺钉，将使测头主体（包括测针）相对于柄部轴线向该螺钉所在的方向移动。

调整过程是个渐进过程，先将对面螺钉略微放松，然后依次逐渐旋紧；当测针位置精度达到理想状态时，4 个螺钉的松紧力度应均衡。调整螺钉的旋紧力度应以扳手手感充分旋紧为宜，避免过分用力使得螺钉或扳手损坏。不要过分放松刀柄螺钉，以免导致测头主体与刀柄分离。

？引导问题 12：安装实施中有哪些安全、环保、节约的注意事项？

？引导问题 13：在安装实施中，遇到了哪些计划中没有考虑到的问题？是如何解决的？自己的专业认知和职业素养有哪些提高？

小提示

需要测量工件时，将测量头安装在机床主轴或刀架上，测量工作原理与三坐标测量机相同，测量完成再由换刀机械手将测量头放入刀库。为了保证测量精度和保护测试头，工件在数控机床上加工结束后，必须经高压冷却液冲洗，并用压缩空气吹干后方可进行检验测量。

| 项目 2　数控机床单元安装与调试 | | 任务 6　数控机床在线测量装置安装 | |
|---|---|---|---|
| 姓名： | 班级： | 日期： | 检查页 |

## 检查验收

根据数控机床在线测量装置的工作情况，按照验收标准对任务完成情况进行检查验收和评价，包括工艺质量、施工质量、测量准确性等，并将验收问题及其整改措施、完成时间进行记录。验收标准及评分表见表 6-6，验收过程问题记录表见表 6-7。

表 6-6　验收标准及评分表

| 序号 | 验收项目 | 验收标准 | 分值 | 教师评分 | 备注 |
|---|---|---|---|---|---|
| 1 | 刀柄上测头安装 | 轻晃测头，牢固无松动 | 10 | | |
| 2 | 测头上测针安装 | 轻晃测针尾部，牢固无松动 | 10 | | |
| 3 | 工件与测针的清洁度 | 工件与测针上无碎屑 | 10 | | |
| 4 | 测头电池正确安装 | 轻碰测针，测头指示灯亮 | 10 | | |
| 5 | 测头和接收器正确配对 | 轻碰测针，测头指示灯亮，接收器红灯亮 | 20 | | |
| 6 | 测头有无碰撞 | 工作中测头无碰撞 | 10 | | |
| 7 | 测针同心度调整 | 测针的圆周跳动在误差范围内 | 20 | | |
| 8 | 测针长度标定 | 测头长度补偿正确 | 10 | | |
| 合计 | | | 100 | | |

表 6-7　验收过程问题记录表

| 序号 | 验收问题记录 | 整改措施 | 完成时间 | 备注 |
|---|---|---|---|---|
| | | | | |
| | | | | |
| | | | | |
| | | | | |
| | | | | |
| | | | | |

？引导问题 14：如果测头重复性、精度差，可能的原因有哪些？

？引导问题 15：测头和接收器如何重新配对？

| 项目 2　数控机床单元安装与调试 | | 任务 6　数控机床在线测量装置安装 | |
|---|---|---|---|
| 姓名： | 班级： | 日期： | 评价页 |

## 评价反馈

各组介绍任务的完成过程并提交阐述材料，进行学生自评、学生组内互评、教师评价，完成考核评价表（见表 6-8）。

？引导问题 16：在本次完成任务过程中，给你印象最深的是哪件事？自己的职业能力有哪些明显提高？

？引导问题 17：查阅资料，简要介绍关于数控机床在线测量装置 3D 测量的应用。

表 6-8　考核评价表

| 评价项目 | 评价内容 | 分值 | 自评 20% | 互评 20% | 教师评价 60% | 合计 |
|---|---|---|---|---|---|---|
| 职业素养 40 分 | 爱岗敬业、安全意识、责任意识、服从意识 | 10 | | | | |
| | 积极参加任务活动，按时完成工作页 | 10 | | | | |
| | 团队合作、交流沟通能力、集体主义精神 | 10 | | | | |
| | 劳动纪律，职业道德 | 5 | | | | |
| | 现场 6S 标准，行为规范 | 5 | | | | |
| 专业能力 60 分 | 专业资料检索能力，中外品牌分析能力 | 10 | | | | |
| | 制订计划能力，严谨认真 | 10 | | | | |
| | 操作符合规范，精益求精 | 15 | | | | |
| | 工作效率，分工协作 | 10 | | | | |
| | 任务验收质量，质量意识 | 15 | | | | |
| 合计 | | 100 | | | | |
| 创新能力加分 20 分 | 创新性思维和行动 | 20 | | | | |
| 总计 | | 120 | | | | |
| 教师签名： | | | 学生签名： | | | |

| 项目 2　数控机床单元安装与调试 | | 任务 6　数控机床在线测量装置安装 | |
|---|---|---|---|
| 姓名： | 班级： | 日期： | 知识页 |

## 相关知识点：数控机床在线测量装置的基本知识

### 一、数控机床在线测量装置的定义

数控机床在线测量装置又称为机床测头，是一种配置在数控机床上的测量装置。机床测头按功能可分为工件检测测头和刀具检测测头两种；按信号传输方式则可分为硬线连接式、感应式、光学式和无线电式四种。

机床测头一般安装在加工中心等数控机床上。它在加工循环中不需人为介入，就能直接对刀具或工件的尺寸及位置进行测量，并根据测量结果自动修正工件或刀具的偏置量，使同样的机床能加工出更高精度的零件。因其能提高加工品质，且成本较低，所以深受企业青睐。

### 二、机床测头分类

按功能分类，可分为工件检测测头和刀具检测测头。

按信号传输方式分类，则可分为硬线连接式、感应式、光学式和无线电式四种方式。

### 三、机床测头工作原理

在测头内部有一个闭合的有源电路，该电路与一个特殊的触发机构相连接，只要触发机构产生触发动作，就会引起电路状态变化并发出无线电信号，这样，当测头连接在机床主轴上并随主轴移动时，只要测针上的触头在任意方向与工件（任何固体材料）表面接触，使测针产生微小的摆动或移动，都会立即导致测头产生无线电信号，指明其工作状态。

数控机床采用测头进行测量时，先通过换刀程序自动将测头安装在机床主轴上，然后程序控制机床移动，使测头测针上的触头与工件表面接触，由于机床的数控系统实时地记录并显示主轴的位置坐标值，因此，可以结合测针的触头与工件的具体位置关系，利用机床主轴的坐标值换算出工件被测量点的相关坐标值。获得工件的各被测量点的相关坐标值后，再根据各坐标点的几何位置关系进行相关计算，便可以获得最终的测量结果。

### 四、智能制造系统所用测头的校准与维护

1. 校准测头；2. 测头维护；3. 测针复位故障维护；4. 电池维护。

### 五、数控机床在线测量装置特点

扫码看知识 6：

数控机床在线测量装置基本知识

# 项目 3

# 工业机器人单元安装与调试

| 项目 3　工业机器人单元安装与调试 | | 任务 7、任务 8 | |
| --- | --- | --- | --- |
| 姓名： | 班级： | 日期： | 项目页 |

## 项目导言

本项目以工业机器人单元的安装与调试为学习目标，学习工业机器人单元中各部分的组成及功能，通过安装及调试任务，使学生掌握安装过程及注意事项，同时针对各项学习任务给出了任务要求、学习目标、工作步骤（六步法）、评价方案、学习资料等工作要求和学习指导。

## 项目任务

1. 掌握工业机器人单元机械部分的安装方法。
2. 掌握工业机器人单元控制部分的安装方法。

## 项目学习摘要

# 任务 7　工业机器人单元机械部分安装

| 项目 3　工业机器人单元安装与调试 | | 任务 7　工业机器人单元机械部分安装 | |
|---|---|---|---|
| 姓名： | 班级： | 日期： | 任务页 1 |

## 学习任务描述

智能制造系统集成应用平台使用工业机器人搬运物料和工件，观看智能制造系统集成应用平台工作视频，了解工业机器人的工作过程。以零件加工智能制造系统集成应用平台 DLIM-441 为例，物料由工业机器人分别运送到数控加工站加工、RFID 信息台读写信息，工业机器人需要更换不同的手爪来抓取托盘或物料。系统在此工作过程中对位置精度要求比较高。本学习任务要求准确、牢固地安装工业机器人行走平台、工业机器人本体、工业机器人末端机构、工业机器人夹具放置架、信息读写台，掌握相关的知识和技能，以保证工业机器人工作过程顺利进行。

## 学习目标

1）通过信息查询，了解工业机器人的特点、分类及行业应用。

2）通过查阅资料，了解国内外工业机器人的发展历史和趋势，了解知名品牌和产品性能。通过了解国产机器人的迅速发展与应用，培养民族自豪感，同时应正视我国与世界知名品牌的差距，意识到国产工业机器人的发展与应用仍有很大的进步空间。

3）通过观看视频和现场观摩，了解工业机器人在智能制造系统中的工作过程。

4）通过查阅资料，了解工业机器人单元中各部分的组成及功能。

5）通过查询资料和教师指导，掌握工业机器人单元中各部分机械安装的方法及注意事项，培养严谨、认真、精益求精的习惯和品质。

6）在教师指导下，按照工艺要求，小组协作完成工业机器人单元各部分的机械安装，培养团队协作精神。

7）小组进行施工检查验收，解决机械安装过程中存在的问题。注重过程性评价，注重安全和节约意识的养成，注重综合素质的培养和提升。

## 任务书

零件加工智能制造系统集成应用平台 DLIM-441 的工业机器人单元示意图如图 7-1 所示。在智能制造系统集成应用平台中，用工业机器人搬运物料，请根据工业机器人单元中各设备的位置示意图完成工业机器人单元中机器人行走平台、机器人本体、机器人末端机构（夹具及其快换装置）、夹具放置架、RFID 信息读写台的机械安装。

| 项目 3　工业机器人单元安装与调试 | | 任务 7　工业机器人单元机械部分安装 | |
|---|---|---|---|
| 姓名： | 班级： | 日期： | 任务页 2 |

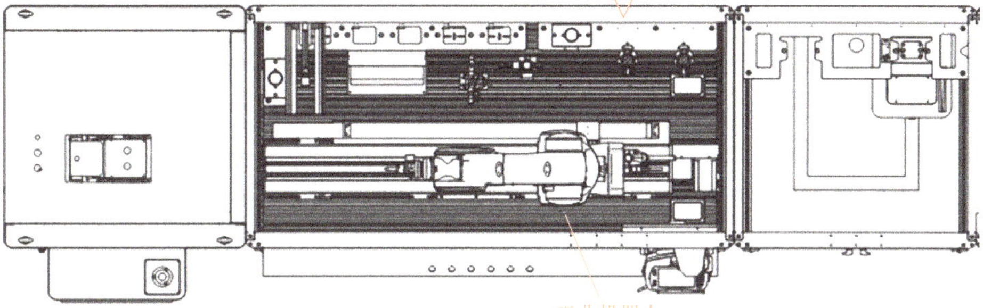


图 7-1　DLIM-441 平台工业机器人单元示意图

## 任务分组

将班级学生分组，可 4 ～ 8 人为一组，轮值安排组长，使每个人都有培养组织协调能力和管理能力的机会。各组任务可以相同或不同，明确每组的人员和任务分工，注意培养团队协作能力。任务分工表见表 7-1。

表 7-1　任务分工表

| 班级 | | 组号 | | 任务 | |
|---|---|---|---|---|---|
| 组长 | | 时间段 | | 指导教师 | |
| 姓名 | 学号 | 任务分工 | | | 备注 |
| | | | | | |
| | | | | | |
| | | | | | |
| | | | | | |
| | | | | | |
| | | | | | |
| | | | | | |
| | | | | | |

| 项目 3　工业机器人单元安装与调试 | | 任务 7　工业机器人单元机械部分安装 | |
| --- | --- | --- | --- |
| 姓名： | 班级： | 日期： | 信息页 |

## 获取信息

？引导问题 1：自主学习工业机器人基础知识。世界知名的工业机器人品牌有哪些？我国自主生产的主流品牌有哪些？

？引导问题 2：查阅资料，描述工业机器人的主要特点和应用分类。

？引导问题 3：以某智能制造系统中工业机器人为例，说明此工业机器人的产地、品牌、型号，它有几个运动轴？运动范围是多大？最大负载是多少？

？引导问题 4：以某智能制造系统为例，说明工业机器人单元的结构组成及各部分作用。

？引导问题 5：何为工业机器人末端机构？它包括哪些类型？分别应用于何种工作？

？引导问题 6：工业机器人夹具快换装置的作用是什么？

？引导问题 7：工业机器人末端机构由几部分组成？安装顺序是什么？

？引导问题 8：画出工业机器人单元机械安装施工流程框图。

### 小提示

工业机器人单元由台体、机器人（含末端夹具及其快换装置）、机器人行走平台、夹具放置架及 RFID 信息读写台等部分组成，如图 7-2 所示。触摸屏也安装在工业机器人单元上。

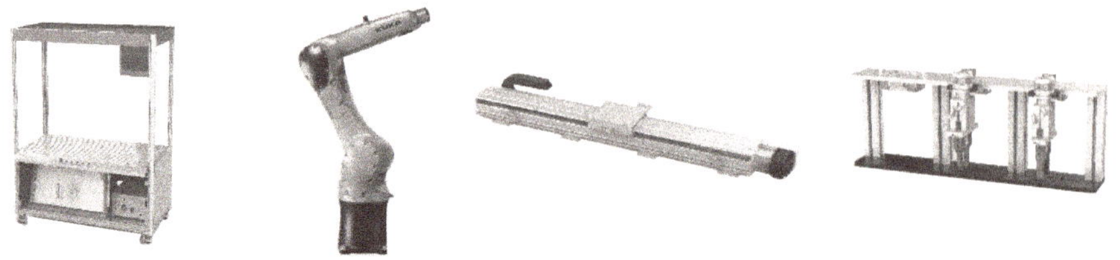

图 7-2　工业机器人单元各部分组成

| 项目 3 工业机器人单元安装与调试 | | 任务 7 工业机器人单元机械部分安装 | |
|---|---|---|---|
| 姓名： | 班级： | 日期： | 计划页 |

## 工作计划

按照任务书要求和获取的信息，每位组员根据自己的认知和理解，制订工业机器人单元机械安装工作计划，包含材料、工具、器件准备，安装顺序和步骤，检查调试等工作内容。工业机器人单元机械部分安装工作计划见表 7-2，材料、工具、器件计划清单见表 7-3。

表 7-2 工业机器人单元机械部分安装工作计划

| 步骤名称 | 工作内容 | 负责人 |
|---|---|---|
| | | |
| | | |
| | | |
| | | |
| | | |
| | | |
| | | |
| | | |

表 7-3 材料、工具、器件计划清单

| 序号 | 名称 | 型号和规格 | 单位 | 数量 | 备注 |
|---|---|---|---|---|---|
| | | | | | |
| | | | | | |
| | | | | | |
| | | | | | |
| | | | | | |
| | | | | | |
| | | | | | |
| | | | | | |
| | | | | | |

| 项目 3　工业机器人单元安装与调试 | | 任务 7　工业机器人单元机械部分安装 | |
|---|---|---|---|
| 姓名： | 班级： | 日期： | 决策页 |

## 进行决策

对不同组员（或不同组别）的工作计划进行选材、工艺、施工方案的对比、分析、论证，整合完善，形成小组决策，作为工作实施的依据。计划对比分析见表 7-4，小组决策方案见表 7-5，材料、工具、器件最终清单见表 7-6。

表 7-4　计划对比分析

| 小组（或组员） | 计划中的优点 | 计划中的缺陷 | 优化方案 |
|---|---|---|---|
| | | | |
| | | | |
| | | | |
| | | | |
| | | | |
| | | | |

表 7-5　决策方案

| 步骤名称 | 工作内容 | 负责人 |
|---|---|---|
| | | |
| | | |
| | | |
| | | |
| | | |
| | | |

表 7-6　材料、工具、器件最终清单

| 序号 | 名称 | 型号和规格 | 单位 | 数量 | 备注 |
|---|---|---|---|---|---|
| | | | | | |
| | | | | | |
| | | | | | |
| | | | | | |
| | | | | | |
| | | | | | |

| 项目 3　工业机器人单元安装与调试 | | 任务 7　工业机器人单元机械部分安装 | |
|---|---|---|---|
| 姓名： | 班级： | 日期： | 实施页 1 |

## 工作实施

工业机器人单元机械安装施工步骤：

### 1. 机器人行走平台的安装与调试

1）安装前，将机器人台体的台面清理干净，将台体下方的万向轮锁死，避免安装过程中台体滑动造成人员受伤和设备损坏。

2）将机器人行走平台平行于台面长边安装、固定。需提前规划好行走平台的位置布局，避免因安装位置不当而无法正常工作。

3）安装平台时需注意伺服电动机的位置和方向，应便于电路连接。

4）安装平台时需选用标准工具，避免螺栓滑丝或螺母损坏。

5）长方形平台安装固定时应不少于 6 组螺栓，螺栓在平台四个角和两个长边的中间固定，紧固螺栓时需加装垫片，确保安装牢固。

### 2. 工业机器人本体安装

1）安装前，需将工业机器人处于零载状态，手臂缩回，重心降低。

2）由于工业机器人质量比较大，因此安装工业机器人时应采用机械吊装或多人协作，用螺栓固定机座时需将机器人放正、扶稳。

3）紧固螺栓时需加装垫片，确保安装牢固。

4）安装工业机器人底座时，底座四角的螺栓需要用对角线法逐个紧固：先用两对螺栓固定一个对角，螺栓不要拧到底；再用两对螺栓固定另一个对角，并将螺栓拧紧；最后将第一个对角的两对螺栓拧紧，以确保工业机器人底座安装平稳、牢固。

### 3. 机器人末端机构安装

1）机器人末端机构包括夹具及其快换装置，安装顺序依次为安装夹具快换装置，连接气路，连接电路，安装机器人夹具。

2）夹具快换装置的主盘和副盘分别安装在机器人手腕上和夹具上。

3）需使用标准工具安装，确保各部分连接紧密、牢固。

### 4. 安装机器人夹具放置架及信息读写台

1）预先确认安装位置，按照规范安装夹具放置架及信息读写台，确保牢固、垂直，无晃动。

2）放置架安装方向要便于机器人换取夹具与放取工件和托盘。

3）为使机器人更换夹具编程方便，不同夹具上的夹具快换装置工具盘的方向要一致。

智能制造系统工业机器人单元安装样例如图 7-3 所示。

| 项目 3　工业机器人单元安装与调试 | | 任务 7　工业机器人单元机械部分安装 | |
|---|---|---|---|
| 姓名： | 班级： | 日期： | 实施页 2 |

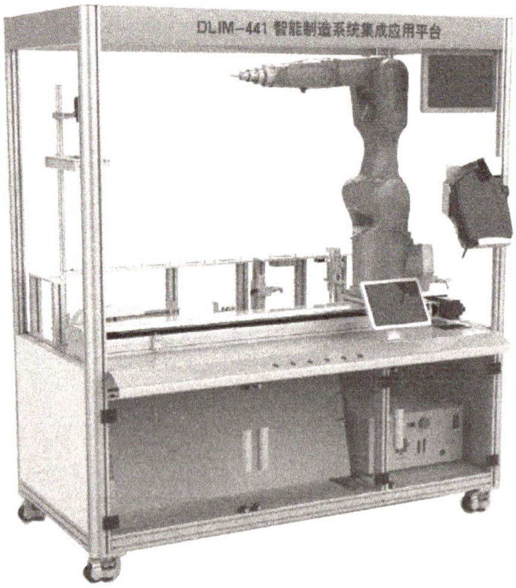


图 7-3　智能制造系统工业机器人单元安装样例

? 引导问题 9：工业机器人单元机械安装过程中有哪些安全注意事项？

? 引导问题 10：在任务实施中，遇到了哪些计划中没有考虑到的问题？是如何解决的？

? 引导问题 11：通过任务的实施，你最大的收获是什么？

? 引导问题 12：本次任务的实施，你认为有哪些需要改进的地方？

| 项目 3　工业机器人单元安装与调试 | | 任务 7　工业机器人单元机械部分安装 | |
|---|---|---|---|
| 姓名： | 班级： | 日期： | 检查页 |

## 检查验收

根据工业机器人单元的工作情况，每组出一个验收代表，由教师组织按照验收标准对每组的任务完成情况进行检查验收和评价，包括工艺质量、施工质量等，并将验收问题及其整改措施、完成时间进行记录。验收标准及评分表见表 7-7，验收过程问题记录表见表 7-8。

表 7-7　验收标准及评分表

| 序号 | 验收项目 | 验收标准 | 分值 | 教师评分 | 备注 |
|---|---|---|---|---|---|
| 1 | 机器人台体状态 | 台体固定，安装过程中无滑动<br>台体摆放位置符合要求，无歪斜 | 10 | | |
| 2 | 机器人行走平台的安装 | 位置正确，方向符合要求<br>安装牢固，无松动<br>安装螺钉无漏装，有垫片 | 20 | | |
| 3 | 机器人本体的安装 | 机器人方向正确<br>安装牢固，无松动<br>安装过程无磕碰 | 20 | | |
| 4 | 机器人末端机构的安装 | 快换装置主盘、副盘安装正确<br>气路、电路连接正确<br>安装紧密，牢固 | 20 | | |
| 5 | 夹具放置架的安装 | 放置架位置、方向正确<br>安装牢固，无松动<br>放置架上的各夹具方向一致 | 10 | | |
| 6 | 信息读写台的安装 | 位置、方向正确<br>安装牢固，无松动 | 10 | | |
| 7 | 施工规范 | 符合操作规程，无人员受伤或设备损坏<br>工具使用规范，无螺钉滑丝，无工具掉落、损坏、遗留<br>环境整洁有序 | 10 | | |
| 合计 | | | 100 | | |

表 7-8　验收过程问题记录表

| 序号 | 验收问题记录 | 整改措施 | 完成时间 | 备注 |
|---|---|---|---|---|
| | | | | |
| | | | | |
| | | | | |
| | | | | |
| | | | | |
| | | | | |
| | | | | |

| 项目 3　工业机器人单元安装与调试 | | 任务 7　工业机器人单元机械部分安装 | |
|---|---|---|---|
| 姓名： | 班级： | 日期： | 评价页 |

## 评价反馈

各组介绍任务的完成过程并提交阐述材料，进行学生自评、学生组内互评、教师评价，完成考核评价表（见表 7-9）。

？引导问题 13：通过本次任务的检查验收，谈一谈你对精益求精和工匠精神的理解。

？引导问题 14：你对工业机器人了解了多少？还想继续学习工业机器人的哪些知识？

表 7-9　考核评价表

| 评价项目 | 评价内容 | 分值 | 自评 20% | 互评 20% | 教师评价 60% | 合计 |
|---|---|---|---|---|---|---|
| 职业素养 40 分 | 爱岗敬业、安全意识、责任意识、服从意识 | 10 | | | | |
| | 积极参加任务活动，按时完成工作页 | 10 | | | | |
| | 团队合作、交流沟通能力、集体主义精神 | 10 | | | | |
| | 劳动纪律，职业道德 | 5 | | | | |
| | 现场 6S 标准，行为规范 | 5 | | | | |
| 专业能力 60 分 | 专业资料检索能力，中外品牌分析能力 | 10 | | | | |
| | 制订计划能力，严谨认真 | 10 | | | | |
| | 操作符合规范，精益求精 | 15 | | | | |
| | 工作效率，分工协作 | 10 | | | | |
| | 任务验收质量，质量意识 | 15 | | | | |
| 合计 | | 100 | | | | |
| 创新能力 加分 20 分 | 创新性思维和行动 | 20 | | | | |
| 总计 | | 120 | | | | |
| 教师签名： | | | 学生签名： | | | |

| 项目 3　工业机器人单元安装与调试 | | 任务 7　工业机器人单元机械部分安装 | |
| --- | --- | --- | --- |
| 姓名： | 班级： | 日期： | 知识页 |

## 相关知识点：工业机器人基础知识

### 一、工业机器人的定义

工业机器人是面向工业领域的具有多关节机械手的机器装置，有一定的自动性，主要是靠自身动力和外界控制来实现功能的，可以根据接收到的信号完成规定运动，从而快速适应新环境。工业机器人对提高产品的质量和生产效率，改善劳动环境、减轻劳动强度、提高劳动生产效率及降低生产成本有着重要意义。

### 二、工业机器人的特点

（1）可编程；（2）拟人化；（3）通用性；（4）机电一体化。

### 三、工业机器人的产生与发展

1. 工业机器人“四大家族”

2. 我国工业机器人的发展

我国目前已经能够生产具有国际先进水平的平面关节型装配机器人、直角坐标机器人、弧焊机器人、点焊机器人、搬运码垛机器人和 AGV 自动导引车等一系列产品，但是我国工业机器人的发展与四大家族还有差距。我国知名的工业机器人生产厂家及品牌有沈阳新松、安徽埃夫特、广州数控、上海新时达、南京埃斯顿、成都佳士科技有限公司等，产品的稳定性和市场占有率也逐年提高。

3. 工业机器人发展趋势

工业机器人作为典型的机电一体化数字化装备，技术附加值很高，应用范围很广，作为先进制造业的支撑技术和信息化社会的新兴产业，将对社会发展起着越来越重要的作用。工业机器人将应用到更多的行业领域，需求量正在快速上涨。工业机器人技术将朝着智能化、模块化和系统化的方向发展。

### 四、工业机器人的分类

### 五、工业机器人的应用

工业机器人经常在工业生产中代替人进行某些单调、频繁和重复的长时间作业，或是危险、恶劣环境下的作业。它广泛应用于汽车制造、金属加工、食品加工、医药化工及玻璃水泥等企业，主要从事搬运、码垛、焊接、涂装及装配等工作。

扫码看知识 7：

工业机器人基础知识

### 六、工业机器人的机械结构

### 七、工业机器人的末端执行器

### 八、智能制造系统所用工业机器人及其主要参数

# 任务 8 工业机器人单元控制部分安装

| 项目 3 工业机器人单元安装与调试 | | 任务 8 工业机器人单元控制部分安装 | |
|---|---|---|---|
| 姓名： | 班级： | 日期： | 任务页 1 |

## 学习任务描述

在智能制造系统集成应用平台中，工业机器人主要由机器人本体、驱动系统、控制系统三部分组成，本学习任务要求学生掌握对工业机器人本体、工业机器人控制柜、工业机器人示教器等工业机器人控制系统进行正确安装与电气线路连接的知识和技能。

## 学习目标

1）通过信息查询，了解工业机器人的基本概念和组成。同时了解国产品牌的产品性能、应用领域、技术特点、发展规模，培养民族自豪感。

2）根据技术资料，了解工业机器人的基本组成，工业机器人控制系统各部分安装、电气线路连接的相关知识和技能。

3）通过小组合作，培养团队协作精神，制订工业机器人控制系统安装与电气线路连接的工作方案。

4）在教师指导下，按照工艺要求完成工业机器人本体、控制柜、示教器安装和电气线路连接的施工操作。掌握工具使用和安装工艺的操作规范，培养严谨、认真的职业素养。

5）小组进行施工检查验收，解决工业机器人控制系统安装施工中存在的问题。注重过程性评价，注重安全、节约、环保意识的养成，注重综合素养的培养和提升。

## 任务书

工业机器人单元在其本体安装完成后，接下来需要完成工业机器人控制柜、示教器安装和电气线路的连接。请学习并了解控制柜、示教器的功能、结构和组成；根据工业机器人控制系统的要求，完成工业机器人控制柜、示教器的安装与电气接线。

| 项目 3　工业机器人单元安装与调试 | | 任务 8　工业机器人单元控制部分安装 | |
|---|---|---|---|
| 姓名： | 班级： | 日期： | 任务页 2 |

## 任务分组

将班级学生分组，可 4 ～ 8 人为一组，轮值安排组长，使每个人都有锻炼培养组织协调和管理能力的机会。各组任务可以相同或不同，明确每组的人员和任务分工，注意培养团队协作能力。任务分工表见表 8-1。

表 8-1　任务分工表

| 班级 | | 组号 | | 任务 | |
|---|---|---|---|---|---|
| 组长 | | 时间段 | | 指导教师 | |
| 姓名 | 学号 | 任务分工 | | | 备注 |
| | | | | | |
| | | | | | |
| | | | | | |
| | | | | | |
| | | | | | |
| | | | | | |
| | | | | | |
| | | | | | |

| 项目 3　工业机器人单元安装与调试 | | 任务 8　工业机器人单元控制部分安装 | |
|---|---|---|---|
| 姓名： | 班级： | 日期： | 信息页 |

## 获取信息

? 引导问题 1：学习回顾工业机器人单元的组成及各部分的作用。

? 引导问题 2：学习回顾工业机器人本体安装要领。

? 引导问题 3：工业机器人控制柜的主要功能是什么？

? 引导问题 4：工业机器人示教器有哪些功能？

? 引导问题 5：识读工业机器人电气原理图。

? 引导问题 6：了解工业机器人控制柜外部 I/O 接口的关系。

? 引导问题 7：工业机器人本体与控制柜是如何连接的？

? 引导问题 8：示教器与工业机器人是通过何种方式连接的？

? 引导问题 9：识读工业机器人电气布局图，了解电气元件的安装位置和安装方法。

? 引导问题 10：识读工业机器人电气原理图，了解工业机器人本体与控制柜之间连接的电缆接口位置、电源接口位置、外部 I/O 连接关系。

? 引导问题 11：制定工业机器人控制柜安装流程框图。

### 小提示

1. 不同应用的工业机器人所配置的控制柜会有所不同，但是控制柜基本硬件组成通常都包括供电单元、控制模块、数据 I/O 接口、示教器电缆接口、各轴控制主板及伺服电动机驱动单元等。库卡 KR C4 工业机器人紧凑型控制柜及接线面板如图 8-1 所示。

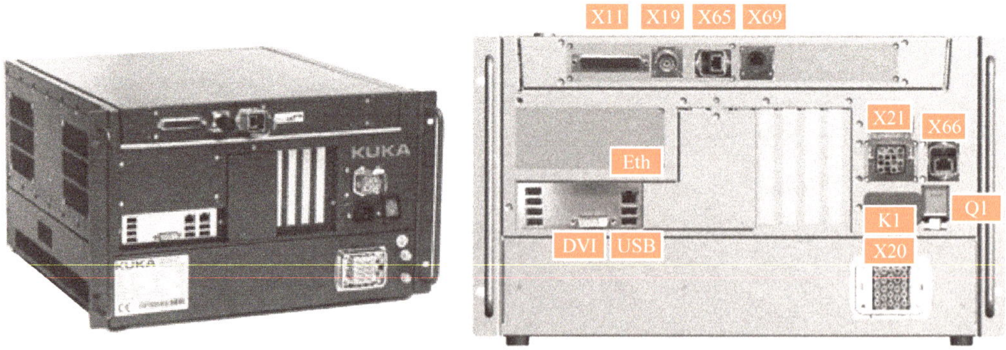


图 8-1　库卡 KR C4 工业机器人紧凑型控制柜及接线面板

2. 工业机器人控制系统一般由控制柜和示教器两部分组成。控制柜在功能上类似于控制主机，示教器类似于键盘、显示器等外设的集成。工业机器人控制柜内部包含控制装置、伺服电动机驱动器、低压电器等电气器件，是决定工业机器人功能和性能的主要因素，其基本功能有存储记忆、位置伺服及坐标设定等。工业机器人示教器是人机交互设备，通过它可以操作工业机器人完成示教编程、系统设定、机器人运动及故障诊断等。

| 项目 3　工业机器人单元安装与调试 | | 任务 8　工业机器人单元控制部分安装 | |
|---|---|---|---|
| 姓名： | 班级： | 日期： | 计划页 |

## 工作计划

按照任务书要求和获取的信息，制订控制柜、示教器的安装与电气接线方案，包括控制柜和示教器的认知、安装环境要求、控制柜的固定方式、控制柜与机器人的连接、控制柜与示教器的连接方式，工艺流程，检查调试等工作内容和步骤，工作方案应考虑绿色环保与节能要求。控制柜、示教器安装与电气线路连接工作方案见表 8-2，所需材料、工具、器件计划清单见表 8-3。

表 8-2　控制柜、示教器安装与电气线路连接工作方案

| 步骤名称 | 工作内容 | 负责人 |
|---|---|---|
| | | |
| | | |
| | | |
| | | |
| | | |
| | | |
| | | |
| | | |

表 8-3　材料、工具、器件计划清单

| 序号 | 名称 | 型号和规格 | 单位 | 数量 | 备注 |
|---|---|---|---|---|---|
| | | | | | |
| | | | | | |
| | | | | | |
| | | | | | |
| | | | | | |
| | | | | | |
| | | | | | |
| | | | | | |

| 项目 3　工业机器人单元安装与调试 | | 任务 8　工业机器人单元控制部分安装 | |
|---|---|---|---|
| 姓名： | 班级： | 日期： | 决策页 |

## 进行决策

对不同组员（或不同组别）的工作计划进行设计、工艺、施工方案的对比、分析、论证，整合完善，形成小组决策，作为工作实施的依据。计划对比分析见表 8-4，控制柜、示教器安装与电气接线的决策方案见表 8-5，材料、工具、器件最终清单见表 8-6。

表 8-4　计划对比分析

| 组员 | 计划中的优点 | 计划中的缺陷 | 优化方案 |
|---|---|---|---|
| | | | |
| | | | |
| | | | |
| | | | |
| | | | |
| | | | |
| | | | |

表 8-5　控制柜、示教器安装与电气接线的决策方案

| 步骤名称 | 工作内容 | 负责人 |
|---|---|---|
| | | |
| | | |
| | | |
| | | |
| | | |
| | | |
| | | |

表 8-6　材料、工具、器件最终清单

| 序号 | 名称 | 型号和规格 | 单位 | 数量 | 备注 |
|---|---|---|---|---|---|
| | | | | | |
| | | | | | |
| | | | | | |
| | | | | | |
| | | | | | |
| | | | | | |
| | | | | | |

| 项目 3　工业机器人单元安装与调试 | | 任务 8　工业机器人单元控制部分安装 | |
|---|---|---|---|
| 姓名： | 班级： | 日期： | 实施页 1 |

## 工作实施

根据任务要求，按以下步骤实现工业机器人控制柜、示教器的安装与电气系统连接。

### 1. 工业机器人控制系统的识图

1）识读工业机器人电气布局图，认识工业机器人控制系统中的电气元件，了解各电气元件在机械设备上和电气控制柜中的实际安装位置，了解电气元件的安装方法和配套工具的使用。

2）识读工业机器人电气原理图，了解工业机器人本体与控制柜之间连接的电缆接口位置，确定机器人控制柜供电电源接口位置、外部 I/O 连接关系。

### 2. 工业机器人控制柜的安装

1）使用承载量大于控制柜重量的吊装设备，将控制柜起吊后搬运至指定位置。

2）选用固定标准件，现场安装并固定控制柜。

3）注意控制柜必须直立搬运和放置，安装位置应为柜门开启预留空间，使柜门可以打开 180°，以方便内部元器件的维修更换。在控制柜后方也要预留空间，以方便背面板打开并维修更换元器件。

### 3. 控制柜与工业机器人本体的连接

控制柜与工业机器人本体的连接，主要有 X20 机器人动力电缆、编码器的连接。

X20 动力电缆、编码器的连接：将 XS1 机器人动力电缆一端连接到机器人本体底座接口，电缆的另一端连接到控制柜上的对应接口 X20，端口位置分别如图 8-2a、b 所示。

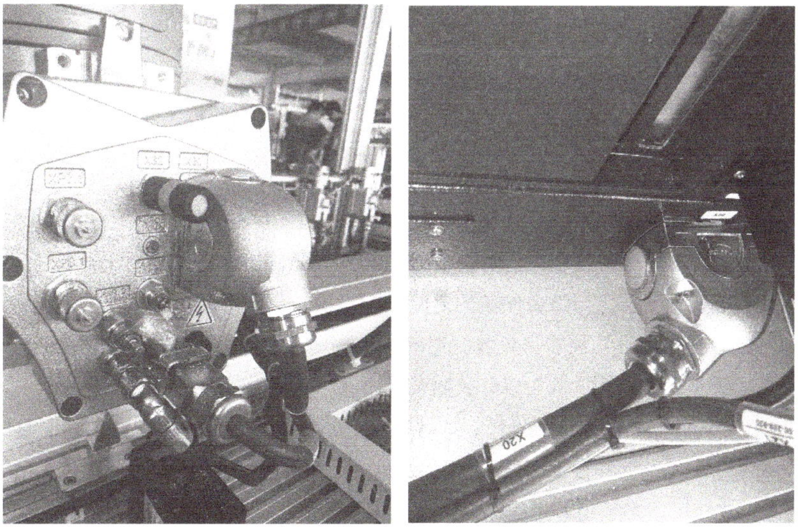


a) 连接机器人本体　　b) 连接控制柜

图 8-2　用 XS1 机器人动力电缆连接机器人本体和控制柜

| 项目 3 工业机器人单元安装与调试 | | 任务 8 工业机器人单元控制部分安装 | |
|---|---|---|---|
| 姓名： | 班级： | 日期： | 实施页 2 |

**4. 控制柜与示教器的连接**

（1）工业机器人示教器的安装

确认安装位置，安装固定示教器托架。

（2）控制柜与示教器的连接

将控制柜与示教器通过专用电缆连接，如图 8-3 所示。将电缆的一端接在示教器侧面的接口处（允许热插拔），电缆的另一端接在控制柜面板上的示教器对应接口 X19。

**5. 控制柜的供电连接**

控制柜的电源采用 220V 交流电、额定功率为 2kV·A。控制柜的供电连接是将主电源电缆的插头接入控制柜 K1 接口，如图 8-4 所示。

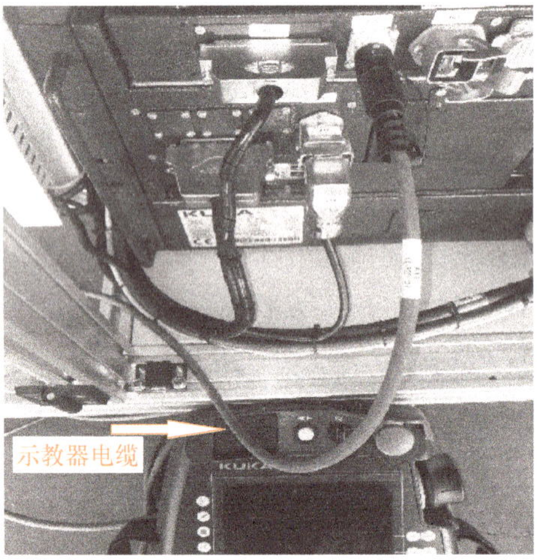


图 8-3 示教器的连接

图 8-4 机器人主电源电缆

**6. 施工操作的安全检查**

1）确认工业机器人本体已经安装固定、控制柜已经安装稳固，之后才能对工业机器人控制系统接线、通电与操作，否则存在工业机器人与设备倾覆的危险。

2）安装前需检查电缆型号、规格、长度、绝缘强度、耐压性、耐热性、机械性能等是否符合技术要求，电缆封装严密，外观未有损坏，接头端部紧固，无松散、断裂。

3）不同型号机器人的输入电压可能不同，如 ABB 机器人使用的是 380V 三相四线制电源。在工业机器人控制柜门内侧贴有一张主电源连接图，接线时需注意详细查看对应图示要求。

4）在完成电气连接后，必须用万用表测量电源，确认控制柜的供电电源正常，电压等级符合工业机器人要求，之后方可通电。

| 项目 3　工业机器人单元安装与调试 | | 任务 8　工业机器人单元控制部分安装 | |
|---|---|---|---|
| 姓名： | 班级： | 日期： | 实施页 3 |

**小提示**

工业机器人控制柜标准接口的标注与名称见表 8-7。

表 8-7　工业机器人控制柜标准接口的标准与名称

| 接口标注 | 接口名称 | 接口标注 | 接口名称 |
|---|---|---|---|
| K1 | 供电电源 | X65 | 扩展总线接口（KEI） |
| Q1 | 主开关 | X66 | 总线接口（KLI） |
| X11 | 安全接口 | X69 | 服务接口（KSI） |
| X19 | 示教器接口 | USB | USB 接口 |
| X20 | 电机接口 | DVI | 显示器接口 |
| X20 | 数据接口 | Eth | 1Gbit 网口 |

？引导问题 12：将表 8-7 与图 8-1 比较，对应找到控制柜接口，观察接口位置和形状，提高接口认知度。

？引导问题 13：说明工业机器人的电气连接包括哪些项目？并描述控制柜供电、控制柜与机器人本体、控制柜与示教器的连接方式。

？引导问题 14：控制柜与机器人本体的连接方式有何特点？并予以说明。

？引导问题 15：在电气线路连接的实施中，遇到了哪些计划中没有考虑到的问题？是如何解决的？

| 项目 3　工业机器人单元安装与调试 | | 任务 8　工业机器人单元控制部分安装 | |
|---|---|---|---|
| 姓名： | 班级： | 日期： | 检查页 |

## 检查验收

根据工业机器人单元控制部分工作情况，按照验收标准对任务完成情况进行检查验收和评价，包括工艺质量、施工质量、控制柜及其与各部件之间安装的正确性和稳固性等，并将验收问题及其整改措施、完成时间进行记录。验收标准及评分表见表 8-8，验收过程问题记录表见表 8-9。

表 8-8　验收标准及评分表

| 序号 | 验收项目 | 验收标准 | 分值 | 教师评分 | 备注 |
|---|---|---|---|---|---|
| 1 | 控制柜安装 | 稳定、牢固、垂直 | 20 | | |
| 2 | 控制柜与机器人电动机接口连接 | 安全、牢固、可靠 | 20 | | |
| 3 | 控制柜与机器人数据接口连接 | 安全、牢固、可靠 | 20 | | |
| 4 | 控制柜与示教器连接 | 安全、牢固、可靠 | 10 | | |
| 5 | 供电接口的连接 | 安全、牢固、可靠 | 10 | | |
| 6 | 安全检查 | 完整、细致，发现问题及时报告 | 20 | | |
| 合计 | | | 100 | | |

表 8-9　验收过程问题记录表

| 序号 | 验收问题记录 | 整改措施 | 完成时间 | 备注 |
|---|---|---|---|---|
| | | | | |
| | | | | |
| | | | | |
| | | | | |
| | | | | |
| | | | | |

？引导问题 16：在检查验收中，所出现的问题是什么原因造成的？今后如何避免？

| 项目 3　工业机器人单元安装与调试 | | 任务 8　工业机器人单元控制部分安装 | |
|---|---|---|---|
| 姓名： | 班级： | 日期： | 评价页 |

## 评价反馈

各组展示任务完成情况，介绍任务的完成过程并提交阐述材料，进行学生自评、学生组内互评、教师评价，完成考核评价表（见表 8-10）。

？引导问题 17：在本次任务完成过程中，感觉哪一项工作对自己而言是有难度、有挑战性的？请谈谈体会。

表 8-10　考核评价表

| 评价项目 | 评价内容 | 分值 | 自评 20% | 互评 20% | 教师评价 60% | 合计 |
|---|---|---|---|---|---|---|
| 职业素养 40 分 | 爱岗敬业、安全意识、责任意识、服从意识 | 10 | | | | |
| | 积极参加任务活动，按时完成工作页 | 10 | | | | |
| | 团队合作、交流沟通能力、集体主义精神 | 10 | | | | |
| | 劳动纪律，职业道德 | 5 | | | | |
| | 现场 6S 标准，行为规范 | 5 | | | | |
| 专业能力 60 分 | 专业资料检索能力，中外品牌分析能力 | 10 | | | | |
| | 制订计划能力，严谨认真 | 10 | | | | |
| | 操作符合规范，精益求精 | 15 | | | | |
| | 工作效率，分工协作 | 10 | | | | |
| | 任务验收质量，质量意识 | 15 | | | | |
| 合计 | | 100 | | | | |
| 创新能力加分 20 分 | 创新性思维和行动 | 20 | | | | |
| 总计 | | 120 | | | | |
| 教师签名： | | | 学生签名： | | | |

| 项目 3　工业机器人单元安装与调试 | | 任务 8　工业机器人单元控制部分安装 | |
|---|---|---|---|
| 姓名： | 班级： | 日期： | 知识页 |

## 相关知识点：工业机器人控制系统基础知识

### 一、工业机器人的硬件组成

工业机器人本体的硬件主要由以下几部分组成。

1）驱动系统：伺服电动机、驱动器、缓冲器。

2）控制系统：控制柜、示教器。

3）主体：机座和执行机构。

### 二、工业机器人的应用功能

工业机器人的工作性质是模仿人的肢体动作、思维方式和决策控制能力，可通过示教再现、可编程控制、自适应控制等方式实现控制要求。

### 三、工业机器人的控制系统

1）运动控制：示教器、伺服电动机控制系统，控制六个机器人轴。

2）工作过程控制：传感器、PLC 控制系统。

3）安全控制：继电器等元器件。

4）网络通信：工业总线、互联网。

### 四、工业机器人外部 I/O 接口的通信种类

数字量输入：包括各种开关信号反馈（如按钮、转换开关及触摸屏中的开关等），传感器信号反馈（如光电传感器、光纤传感器等）和接触器继电器触点信号反馈。

数字量输出：控制各种继电器线圈（如接触器、继电器、电磁阀）和控制各种指示类信号（如信号灯、蜂鸣器）。

### 五、工业机器人电气布局图

### 六、电气元件的安装工艺

### 七、工业机器人示教器

示教器对工艺路径的示教编程及常用操作通过触摸屏和一系列功能按钮来完成。

### 八、工业机器人电气原理图

扫码看知识 8：

工业机器人控制系统基础知识

扫码看视频 3：

工业机器人单元控制系统安装

# 项目 4

# 智能制造系统其他单元安装与调试

| 项目 4　智能制造系统其他单元安装与调试 | | 任务 9 ~ 任务 13 | |
|---|---|---|---|
| 姓名： | 班级： | 日期： | 项目页 |

## 项目导言

本项目以智能制造系统中的 AGV、仓储单元机械手、视觉系统、传感器、RFID 等单元的安装、调试与测试为学习目标，以配置、安装、调试任务为导向，掌握安装过程及调试方法，同时针对各项学习任务给出了任务要求、学习目标、工作步骤（六步法）、评价方案、学习资料等工作要求和学习指导。

## 项目任务

1. 掌握 AGV 路径设置。
2. 掌握仓储单元机械手调试。
3. 掌握视觉系统安装与调试。
4. 掌握传感器安装与调试。
5. 掌握 RFID 功能测试。

## 项目学习摘要

# 任务 9　AGV 路径设置

| 项目 4　智能制造系统其他单元安装与调试 | | 任务 9　AGV 路径设置 | |
|---|---|---|---|
| 姓名： | 班级： | 日期： | 任务页 1 |

## 学习任务描述

智能制造系统集成应用平台中的物料传送方法之一是自动小车（Automated Guided Vehicle，AGV）。AGV 在新冠肺炎抗疫前线，承担了测温巡逻、药品配送、物流、消杀、送餐等工作。智能制造系统零件加工过程中由 AGV 将物料按工作流程从一个工位运送到下一个工位。本学习任务要求铺设 AGV 导航磁条，进行芯片位置固定，完成 AGV 路径设置，使学生掌握相关的知识和技能，以保证 AGV 按规定路径准确到达目标位置。

## 学习目标

1）通过信息查询获得关于 AGV 的相关知识，包括知名品牌、产品性能、应用领域、技术特点、发展规模，培养民族自豪感。

2）通过查阅资料，比较国产品牌和进口品牌的异同，正视我国与世界知名品牌的差距，学习国外先进技术的同时努力推动国产 AGV 的发展、应用和改进。

3）根据技术资料理解 AGV 的运动和定位原理。

4）通过小组合作培养团队协作精神，制定 AGV 导航磁条铺设和定位芯片位置固定的工作计划。

5）在教师指导下，按照工艺要求完成 AGV 导航磁条的铺设施工操作，并培养严谨、认真的职业素养。

6）在教师指导下，根据 AGV 定位要求完成芯片位置固定的施工操作，并培养精益求精的工匠精神。

7）小组进行施工检查验收，解决 AGV 路径设置中存在的问题。注重过程性评价，注重安全、节约、环保意识的养成，注重综合素养的培养和提升。

## 任务书

在智能制造系统零件加工过程中，用一台 AGV 传送物料，请完成从物料中转位到缓冲位之间的 AGV 路径设置，完成 AGV 导航磁条铺设和芯片位置固定的工作，以实现 AGV 在两个工位之间的正确轨迹运动和准确定位。智能制造系统的中转位、缓冲位、AGV 示意图如图 9-1 所示。

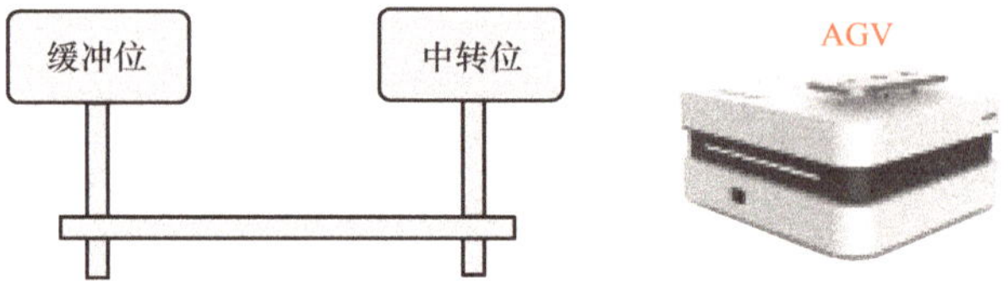


图 9-1　智能制造系统的中转位、缓冲位、AGV 示意图

| 项目 4　智能制造系统其他单元安装与调试 | | 任务 9　AGV 路径设置 | |
|---|---|---|---|
| 姓名： | 班级： | 日期： | 任务页 2 |

## 任务分组

将班级学生分组，可 4 ～ 8 人为一组，轮值安排组长，使每个人都有锻炼培养组织协调和管理能力的机会。各组任务可以相同或不同。任务分工见表 9-1，每人明确自己承担的组内任务，培养独立工作能力和团队协作能力。

表 9-1　任务分工表

| 班级 | | 组号 | | 任务 | |
|---|---|---|---|---|---|
| 组长 | | 时间段 | | 指导教师 | |
| 姓名 | 学号 | 任务分工 | | | 备注 |
| | | | | | |
| | | | | | |
| | | | | | |
| | | | | | |
| | | | | | |
| | | | | | |
| | | | | | |

| 项目 4　智能制造系统其他单元安装与调试 | | 任务 9　AGV 路径设置 | |
|---|---|---|---|
| 姓名： | 班级： | 日期： | 信息页 |

## 获取信息

？引导问题 1：自主学习 AGV 应用的基础知识。

？引导问题 2：查阅资料，了解 AGV 工作原理。

？引导问题 3：AGV 控制系统中的三个主要技术分别是：

AGV 的导航、________、________。因此，AGV 控制系统较为复杂。

？引导问题 4：AGV 常用导航方式有哪几种？各有什么特点？

？引导问题 5：AGV 常用的定位方式有哪几种？各有什么特点？

？引导问题 6：导航磁条和定位芯片在 AGV 系统中的安装位置是如何确定的？

？引导问题 7：AGV 与导航磁条之间的信息是如何传递的？

？引导问题 8：导航磁条和定位芯片在 AGV 系统中是如何安装的？

？引导问题 9：查询资料，写出导航磁条铺设的工艺要求。

？引导问题 10：根据图 9-2 所示智能制造系统 AGV 与导航磁条样例，指出各部分名称，画出 AGV 运动过程框图。

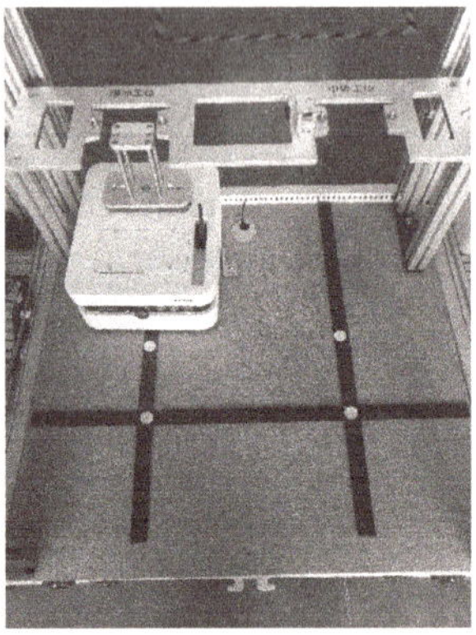

图 9-2　智能制造系统 AGV 与导航磁条样例

### 小提示

1. AGV 技术、AGV 装置有多种类型及不同应用。在对各种 AGV 基本功能和分类有所了解的基础上，本学习任务可参照智能制造系统 AGV 运送物料的案例。此 AGV 作为物料托盘转运的运载工具，其主要技术参数为：磁导航方式，定位精度为 ±5mm，RFID 定位，WIFI 或 PLC 控制，承载重量小于 10kg，顶升高度为 50mm，外形尺寸为 340mm × 290mm × 180mm，锂电池在充放电 500 次时仍可以保持 80% 的电能存储。

2. AGV 磁导航原理：磁带导航技术是通过在 AGV 行驶的线路上铺设磁条，并使磁条磁场的方向一致。AGV 上的磁传感器可以通过检测磁场识别路径，以使 AGV 保持在磁轨道内；而磁传感器对磁场方向的检测可让 AGV 辨识运动的方向。通过磁传感器与磁条的配合实现磁导航。

| 项目 4　智能制造系统其他单元安装与调试 | | 任务 9　AGV 路径设置 | |
|---|---|---|---|
| 姓名： | 班级： | 日期： | 计划页 |

## 工作计划

按照任务书要求和获取的信息制订从物料中转位到缓冲位铺设 AGV 路径导航磁条和对定位芯片位置固定的工作方案，包括器件、材料、工具准备，工艺流程安排，检查调试等工作内容和步骤，完成 AGV 路径设置工作方案，方案需要考虑到绿色环保与节能因素。AGV 路径设置的工作方案见表 9-2，材料、工具、器件计划清单见表 9-3。

表 9-2　AGV 路径设置工作方案

| 步骤名称 | 工作内容 | 负责人 |
|---|---|---|
| | | |
| | | |
| | | |
| | | |
| | | |
| | | |
| | | |
| | | |

表 9-3　材料、工具、器件计划清单

| 序号 | 名称 | 型号和规格 | 单位 | 数量 | 备注 |
|---|---|---|---|---|---|
| | | | | | |
| | | | | | |
| | | | | | |
| | | | | | |
| | | | | | |
| | | | | | |
| | | | | | |
| | | | | | |

| 项目 4 智能制造系统其他单元安装与调试 | | 任务 9 AGV 路径设置 | |
|---|---|---|---|
| 姓名： | 班级： | 日期： | 决策页 |

## 进行决策

对不同组员（或不同组别）的工作计划进行选材、工艺、施工方案的对比、分析、论证，整合完善，形成小组决策，作为工作实施的依据。列出计划对比分析，见表 9-4，AGV 路径设置决策方案见表 9-5，材料、工具、器件最终清单见表 9-6。

表 9-4 计划对比分析

| 组员 | 计划中的优点 | 计划中的缺陷 | 优化方案 |
|---|---|---|---|
| | | | |
| | | | |
| | | | |
| | | | |
| | | | |
| | | | |

表 9-5 AGV 路径设置决策方案

| 步骤名称 | 工作内容 | 负责人 |
|---|---|---|
| | | |
| | | |
| | | |
| | | |
| | | |
| | | |

表 9-6 材料、工具、器件最终清单

| 序号 | 名称 | 型号和规格 | 单位 | 数量 | 备注 |
|---|---|---|---|---|---|
| | | | | | |
| | | | | | |
| | | | | | |
| | | | | | |
| | | | | | |
| | | | | | |

？引导问题 11：画出 AGV 导航磁条铺设施工流程框图。

| 项目 4　智能制造系统其他单元安装与调试 | | 任务 9　AGV 路径设置 | |
|---|---|---|---|
| 姓名： | 班级： | 日期： | 实施页 1 |

## 工作实施

按以下步骤实现 AGV 导航磁条铺设，以及芯片位置固定。

### 1. 铺设 AGV 导航磁条的施工步骤

1）清洁 AGV 运动的地面或台面，达到平面平整、干净、干燥的要求，以保证磁条在用其背面的双面胶粘贴到地面时能牢固、可靠。

2）预先画好欲铺设的线路，以保证磁条铺设平整、美观。

3）磁条粘贴后需要用压板或压辊在磁条上轻轻碾压一遍，以确保磁条双面胶与地面之间的粘贴牢固。

4）在转弯路段粘贴磁条时，可把磁条折叠成弯曲状慢慢粘贴，再将多余的磁条用剪刀剪掉。若修剪时有部分磁条缺失，可在备用磁条上修剪同等大小的磁条填补粘贴。磁条粘贴好后，同样需在磁条上辗压一遍以保证磁条粘贴牢固。需要注意的是，路段之间的转弯角度不能太小，以防止 AGV 脱轨，也有利于磁条粘贴的便利和美观。

5）磁条铺设完成后，可在磁条表面再贴一层比磁条宽的透明胶带作为保护层，防止磁条表面磨损，以及水、油、污物渗入磁条背胶处导致的粘贴不牢固。磁条铺设样例参照图 9-2。

？引导问题 12：在导航磁条铺设工作实施中有哪些安全、环保、节约的注意事项？

？引导问题 13 ：在磁条铺设的实施中，遇到了哪些计划中没有考虑到的问题？是如何解决的？自己的专业认识和职业素养有哪些提高？

？引导问题 14：在磁导航方式中，除了磁条导航，还有哪些导航方式？它们各有什么特点？

**小提示**

在 AGV 磁导航方式中，除了地面铺设磁条，还常采用埋地磁条、埋地磁钉的磁导方式。用埋地磁条可避免磁条被 AGV 重载辗压的问题，用埋地磁钉可防止室外路段在阳光暴晒、温度过高时出现的磁条消磁等现象，并且施工方便，外观美观。

### 2. 芯片位置固定的施工步骤

1）以智能制造系统集成应用平台零件加工为例，按图 9-3 所示在方框位置分别贴上 1#、2#、3#、4# 芯片。

2）需将 3# 和 4# 芯片贴在两个磁条交叉的位置。

3）再在 3# 芯片的上面贴 1# 芯片，4# 芯片的上面贴 2# 芯片。

4）1# 芯片和 3# 芯片、2# 芯片和 4# 芯片之间相隔 100mm。

5）当 AGV 向工位运动，欲在到达工位停车定位时，AGV 读到 1# 芯片（或 2# 芯片），在此处 AGV 车体感应到停止信号，于是停车、到位。

| 项目 4　智能制造系统其他单元安装与调试 | | 任务 9　AGV 路径设置 | |
| --- | --- | --- | --- |
| 姓名： | 班级： | 日期： | 实施页 2 |

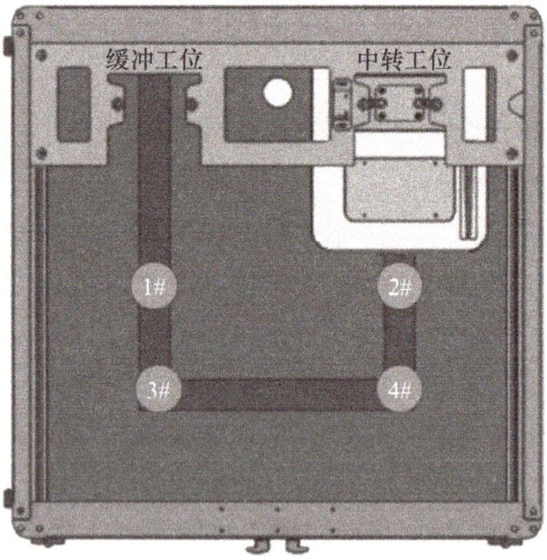


图 9-3　芯片位置固定的样例

？引导问题 15：在芯片位置固定的工作实施中，每一步骤的目的是什么？

？引导问题 16：1#、2#、3#、4# 是什么芯片？分析它们的作用。

？引导问题 17：在已完成从物料中转位到物料缓冲位的 AGV 路径设置后，思考反向从物料缓冲位到物料中转位的 AGV 路径设置与前者有何异同。

| 项目 4　智能制造系统其他单元安装与调试 | | 任务 9　AGV 路径设置 | |
|---|---|---|---|
| 姓名： | 班级： | 日期： | 检查页 |

## 检查验收

根据 AGV 运动和定位工作情况，按照验收标准对任务完成情况进行检查验收和评价，包括工艺质量、施工质量、AGV 运动稳定性和定位准确性等，并将验收问题及其整改措施、完成时间进行记录。验收标准及评分表见表 9-7，验收过程问题记录表见表 9-8。

表 9-7　验收标准及评分表

| 序号 | 验收项目 | 验收标准 | 分值 | 教师评分 | 备注 |
|---|---|---|---|---|---|
| 1 | 磁条铺设工艺质量 | 牢固、平整、转弯角度适度 | 20 | | |
| 2 | 芯片固定施工质量 | 位置准确，各芯片关系正确 | 20 | | |
| 3 | AGV 运动稳定性 | AGV 行驶平稳，弯道处顺利 | 20 | | |
| 4 | AGV 定位准确性 | AGV 定位正确，停车准确 | 20 | | |
| 5 | 磁条和芯片敷设的台面处理 | 清洁、干燥，敷设后用透明胶带做保护层 | 20 | | |
| 合计 | | | 100 | | |

表 9-8　验收过程问题记录表

| 序号 | 验收问题记录 | 整改措施 | 完成时间 | 备注 |
|---|---|---|---|---|
| | | | | |
| | | | | |
| | | | | |
| | | | | |
| | | | | |

？引导问题 18：若导航路径偏移，应如何调整？

？引导问题 19：AGV 抵达缓冲位时定位不准确的原因是什么？

### 小提示

AGV 定位原理：在地面上固定磁性材料，在 AGV 车体下方固定磁性感应器，磁性感应器检测到地面上预先布置好的磁条后，将检测到的信号传给车载控制器，车载控制器进行导引计算和控制。

| 项目 4　智能制造系统其他单元安装与调试 | | 任务 9　AGV 路径设置 | |
|---|---|---|---|
| 姓名： | 班级： | 日期： | 评价页 |

## 评价反馈

各组展示任务完成情况，介绍任务的完成过程并提交阐述材料，进行学生自评、学生组内互评、教师评价，完成考核评价表（见表 9-9）。

? 引导问题 20：在本次任务完成过程中，给你印象最深的是哪件事？自己的职业能力有哪些明显提高？

? 引导问题 21：你对 AGV 了解了多少？还想继续学习关于 AGV 的哪些内容？

表 9-9　考核评价表

| 评价项目 | 评价内容 | 分值 | 自评 20% | 互评 20% | 教师评价 60% | 合计 |
|---|---|---|---|---|---|---|
| 职业素养 40 分 | 爱岗敬业、安全意识、责任意识、服从意识 | 10 | | | | |
| | 积极参加任务活动，按时完成工作页 | 10 | | | | |
| | 团队合作、交流沟通能力、集体主义精神 | 10 | | | | |
| | 劳动纪律，职业道德 | 5 | | | | |
| | 现场 6S 标准，行为规范 | 5 | | | | |
| 专业能力 60 分 | 专业资料检索能力，中外品牌分析能力 | 10 | | | | |
| | 制订计划能力，严谨认真 | 10 | | | | |
| | 操作符合规范，精益求精 | 15 | | | | |
| | 工作效率，分工协作 | 10 | | | | |
| | 任务验收质量，质量意识 | 15 | | | | |
| 合计 | | 100 | | | | |
| 创新能力 加分 20 分 | 创新性思维和行动 | 20 | | | | |
| 总计 | | 120 | | | | |
| 教师签名： | | | 学生签名： | | | |

| 项目 4　智能制造系统其他单元安装与调试 | | 任务 9　AGV 路径设置 | |
|---|---|---|---|
| 姓名： | 班级： | 日期： | 知识页 |

## 相关知识点：AGV 基础知识

### 一、AGV 定义

AGV（Automated Guided Vehicle）即自动导引运输车，是指装备有电磁或光学等自动导引装置，能够沿规定的导引路径行驶，具有安全保护及各种移载功能的运输车。

### 二、AGV 特点

AGV 以轮式移动为特征，较之步行、爬行或其他非轮式的移动机器人具有行动快捷、工作效率高、结构简单、可控性强及安全性好等优势。与物料输送中常用的其他设备相比，AGV 的活动区域无须铺设轨道、支座架等固定装置，不受场地、道路和空间的限制。在自动化物流系统中，最能充分地体现其自动性和柔性，实现高效、经济、灵活的无人化生产。

### 三、AGV 发展历史

### 四、AGV 控制系统

AGV 主要由基础硬件和控制系统两部分组成，硬件部分主要包括 AGV 车体、动力部分、控制元件、人机界面等，控制系统主要包括调度系统、车载控制系统、导航系统和传感器系统。AGV 控制系统解决的问题可比喻为：我在哪里？我要去哪里？我怎么去？这三个问题归纳为 AGV 控制系统三个主要技术：AGV 的导航、AGV 的路径规划、AGV 的导引控制。

### 五、AGV 工作原理

AGV 接收到货物搬运指令后，根据事先绘制好的运行路径和 AGV 当前坐标及前进方向，中央控制器进行矢量计算、路线分析，从中选择最佳的行驶路线，自动智能控制 AGV 在路上的行驶和拐弯、转向等，到达装载货物位置准确停位，装货完成后，AGV 起动，向目标卸货点“奔跑”，准确到达位置后停驻、卸货，并向控制计算机报告其位置和状态。最后，AGV 起动跑向待命区域，直到接到新的指令后进行下一次运输任务。

### 六、AGV 导航方式

AGV 常用的导航方式有电磁导航、磁带导航、磁钉导航、二维码导航、激光导航及视觉导航等。

### 七、AGV 定位方式

WIFI 技术、超声波技术、RFID（视频识别）技术等。

扫码看知识 9：

AGV 基础知识

扫码看视频 4：

AGV 磁条安装

### 八、AGV 应用领域

# 任务 10 仓储单元机械手调试

| 项目 4 智能制造系统其他单元安装与调试 | | 任务 10 仓储单元机械手调试 | |
|---|---|---|---|
| 姓名： | 班级： | 日期： | 任务页 1 |

## 学习任务描述

智能制造系统集成应用平台的仓储单元常用三轴机械手进行上下料。观看零件加工智能制造系统工作过程（案例），其中有机械手上料和下料：当需要加工一个毛坯料时，机械手从智能仓储料仓抓取一个毛坯料放置到 AGV 中转位置，当某成品转运至 AGV 中转位置时，机械手从 AGV 中转位置抓取成品放置到成品仓。本学习任务要求先完成机械手固定，然后完成电气线路连接，最后对机械手三个轴的电动机进行调试。

## 学习目标

1）通过信息查询获得关于机械手的相关知识，包括知名品牌、产品性能、应用领域、技术特点、发展规模，培养民族自豪感。

2）根据技术资料理解步进电动机的工作原理。

3）通过小组合作，培养团队协作精神，制订机械手安装及调试的工作计划。

4）在教师指导下，按照工艺要求完成机械手丝杠模组固定的施工操作，并培养严谨、认真的职业素养。

5）在教师指导下，按照工艺要求完成机械手电气线路连接的施工操作，并培养精益求精的工匠精神。

6）在教师指导下，根据调试要求完成机械手三轴电动机运动控制的调试，并培养精益求精的工匠精神。

7）小组进行施工检查验收，解决机械手安装及调试中存在的问题，注重过程性评价，注重安全、节约、环保意识的养成，注重综合素养的培养和提升。

## 任务书

在智能制造系统集成应用平台仓储单元中，用一台机械手进行上下物料，请完成机械手丝杠模组安装固定、电气线路连接及步进电动机的调试工作，以实现仓储单元任意位置上下料工作，要求机械手运行稳定无卡顿、滑动且定位准确。智能制造系统集成应用平台的仓储单元机械手如图 10-1 所示。

| 项目 4　智能制造系统其他单元安装与调试 | | 任务 10　仓储单元机械手调试 | |
|---|---|---|---|
| 姓名： | 班级： | 日期： | 任务页 2 |

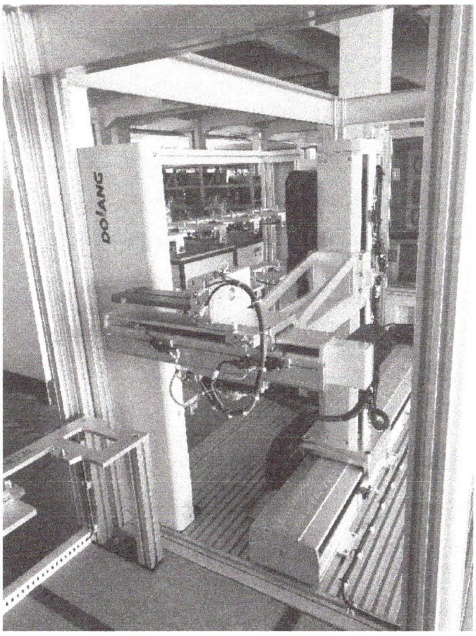

图 10-1　智能仓储单元机械手

## 任务分组

将班级学生分组，可 4 ～ 8 人为一组，轮值安排组长，使每个人都有锻炼培养组织协调和管理能力的机会。各组任务可以相同或不同，明确每组的人员和任务分工，注意培养团队协作能力。任务分工表见表 10-1。

表 10-1　任务分工表

| 班级 | | 组号 | | 任务 | |
|---|---|---|---|---|---|
| 组长 | | 时间段 | | 指导教师 | |
| 姓名 | 学号 | 任务分工 | | | 备注 |
| | | | | | |
| | | | | | |
| | | | | | |
| | | | | | |
| | | | | | |
| | | | | | |
| | | | | | |
| | | | | | |

| 项目 4　智能制造系统其他单元安装与调试 | | 任务 10　仓储单元机械手调试 | |
|---|---|---|---|
| 姓名： | 班级： | 日期： | 信息页 |

## 获取信息

？引导问题 1：自主学习机械手应用的基础知识。

？引导问题 2：查阅资料，收集常见的立体仓储上下料机械手图片。

？引导问题 3：观察设备，找到智能仓储站机械手运动部分。

？引导问题 4：观察设备，确定智能仓储站机械手拖动电动机的类型。

？引导问题 5：查阅资料，了解步进电动机和伺服电动机的工作原理。

？引导问题 6：步进电动机的优缺点是什么？本系统中的步进电动机采取什么方式弥补其缺点？

？引导问题 7：电动机是如何驱动机械手移动的？

？引导问题 8：机械手是如何到达空间某一位置的？

？引导问题 9：极限开关作为保护开关，使用常闭型的好还是常开型的好，为什么？

？引导问题 10：常用哪种类型传感器作为原点传感器？用哪种类型传感器作为极限开关？

？引导问题 11：由于机械手 *Y* 轴装在 *Z* 轴上，当断电时，*Y* 轴在重力作用下会不会下落？应采取什么措施？

？引导问题 12：步进电动机的速度受什么控制？步进电动机的位移受什么控制？

？引导问题 13：画出机械手调试施工流程框图。

### 小提示

1. 机械手是一种能模仿人手和手臂某些动作功能，按固定程序抓取、搬运物体或操作工具的自动操作装置。其特点是可以通过编程来完成各种预期的作业，构造和性能上兼有人和机器各自的优点。机械手装置有多种类型及不同应用，本学习任务可参照智能制造系统集成应用平台的机械手案例，此机械手作为智能仓储站上下料装置，其 *X*、*Y*、*Z* 轴采用步进伺服驱动系统。

2. 步进电动机的工作原理：步进电动机是按电磁吸引的原理工作的，磁力线力图走磁阻最小的路径，从而产生反应力矩。步进电动机是一种将电脉冲信号转换成相应角位移或线位移的电动机。每输入一个脉冲信号，转子就转动一个角度，其输出的角位移与输入的脉冲数成正比，转速与脉冲频率成正比。因此，步进电动机又称为脉冲电动机。

| 项目 4　智能制造系统其他单元安装与调试 | | 任务 10　仓储单元机械手调试 | |
|---|---|---|---|
| 姓名： | 班级： | 日期： | 计划页 |

## 工作计划

按照任务书要求和获取的信息，制订机械手丝杠模组固定、电气线路敷设连接及电动机调试的工作方案，包括器件、材料、工具准备，工艺流程安排，检查调试等工作内容和步骤，方案需要考虑到绿色环保与节能要素。机械手调试工作方案见表 10-2，材料、工具、器件计划清单见表 10-3。

表 10-2　机械手调试工作方案

| 步骤名称 | 工作内容 | 负责人 |
|---|---|---|
| | | |
| | | |
| | | |
| | | |
| | | |
| | | |
| | | |
| | | |

表 10-3　材料、工具、器件计划清单

| 序号 | 名称 | 型号和规格 | 单位 | 数量 | 备注 |
|---|---|---|---|---|---|
| | | | | | |
| | | | | | |
| | | | | | |
| | | | | | |
| | | | | | |
| | | | | | |
| | | | | | |
| | | | | | |

| 项目 4　智能制造系统其他单元安装与调试 | | 任务 10　仓储单元机械手调试 | |
|---|---|---|---|
| 姓名： | 班级： | 日期： | 决策页 |

## 进行决策

对不同组员（或不同组别）的工作计划进行选材、工艺、施工方案的对比、分析、论证，整合完善，形成小组决策，作为工作实施的依据。计划对比分析见表 10-4，仓储机械手调试决策方案见表 10-5，材料、工具、器件最终清单见表 10-6。

表 10-4　计划对比分析

| 组员 | 计划中的优点 | 计划中的缺陷 | 优化方案 |
|---|---|---|---|
| | | | |
| | | | |
| | | | |
| | | | |
| | | | |
| | | | |

表 10-5　仓储机械手调试决策方案

| 步骤名称 | 工作内容 | 负责人 |
|---|---|---|
| | | |
| | | |
| | | |
| | | |
| | | |
| | | |
| | | |

表 10-6　材料、工具、器件最终清单

| 序号 | 名称 | 型号和规格 | 单位 | 数量 | 备注 |
|---|---|---|---|---|---|
| | | | | | |
| | | | | | |
| | | | | | |
| | | | | | |
| | | | | | |
| | | | | | |
| | | | | | |

| 项目 4　智能制造系统其他单元安装与调试 | | 任务 10　仓储单元机械手调试 | |
|---|---|---|---|
| 姓名： | 班级： | 日期： | 实施页 1 |

## 工作实施

按以下步骤实现机械手安装固定、电气线路连接及调试。

### 1. 机械手安装的施工步骤

1）清洁机械手安装台面，使台面无杂物。

2）根据图样上标注的尺寸画出机械手安装的位置，注意安装方向。

3）先安装 $X$ 轴同步模组及电动机，注意电动机与轴的连接应无卡顿。

4）再安装 $Z$ 轴四缸模组及电动机，注意电动机与轴的连接应无卡顿。

5）最后安装 $Y$ 轴四缸模组及电动机，注意电动机与轴的连接应无卡顿。

？引导问题 14：电动机与丝杠之间常用的传动方式有哪几种？

### 2. 电气线路连接的施工步骤

1）根据需要选取合适长度的拖链线槽，然后固定拖链线槽。

2）根据施工计划分别固定三个轴的原点开关、正极限开关和负极限开关，固定之前做好接线端号码管。

3）根据施工工艺，采用拖链线槽走线将开关接线端接到端子排。

4）连接 PLC（端子排）到步进电动机驱动器之间的导线。

5）连接步进电动机驱动器和步进电动机绕组之间的导线。

6）接插电动机反馈编码器电缆。

？引导问题 15：步进电动机都有哪些端子？分别说明其功能？

？引导问题 16：说明电动机后端编码器的作用。

？引导问题 17：三个电动机如何动作才能达到较高的工作效率？

### 3. 机械手调试

1）开关调试，用手按压极限开关或将金属挡片放入槽形光电开关的槽中，观察 PLC 输入指示灯是点亮还是熄灭，确定传感器是否正常工作。

2）下载 PLC 和触摸屏调试程序，单击步进电动机调试页面上的按钮，观察是否能实现各轴的正向点动、反向点动控制，同时观察极限开关和原点开关是否正常工作，若不能，需要调整开关位置，直到正常为止。

3）机械手各轴回零调试：单击触摸屏上的回零按钮，观察各丝杠的运动情况，若发现丝杠回零方向反向，应立刻停止回零操作，调整线路或程序后再调制，直到完成回零功能。

4）机械手各轴的定位调试：在触摸屏上输入轴运动目标长度位置，单击定位按钮，观察丝杠运动情况，并用尺子测量丝杠运动过的位移长度。

？引导问题 18：丝杠的运动方向与什么有关，如何调整运动方向？

？引导问题 19：若电动机转向与触摸屏调试按钮不一致，应如何调整？

？引导问题 20：若原点光电传感器检测不到原点机械挡片，该如何处理？

| 项目 4　智能制造系统其他单元安装与调试 | | 任务 10　仓储单元机械手调试 | |
|---|---|---|---|
| 姓名： | 班级： | 日期： | 实施页 2 |

小提示

直角坐标系机器人：直角坐标机器人也称为桁架机器人，其工作方式主要是沿着 *X*、*Y*、*Z* 轴的线性运动进行的。直角坐标机器人以伺服电动机或步进电动机为驱动的单轴机械臂为基本工作单元，以滚珠丝杠为常用的传动方式，可以完成在 *XYZ* 三维坐标系中任意一点的到达和可控轨迹运动。直角坐标机器人采用运动控制系统实现对其的驱动及编程控制，直线、曲线等运动轨迹的生成为多点插补方式。

| 项目 4　智能制造系统其他单元安装与调试 | | 任务 10　仓储单元机械手调试 | |
|---|---|---|---|
| 姓名： | 班级： | 日期： | 检查页 |

## 检查验收

根据机械手工作情况，按照验收标准对任务完成情况进行检查验收和评价，包括工艺质量、施工质量、机械手运动稳定性和定位准确性等，并将验收问题及其整改措施、完成时间进行记录。验收标准及评分表见表 10-7，验收过程问题记录表见表 10-8。

表 10-7　验收标准及评分表

| 序号 | 验收项目 | 验收标准 | 分值 | 教师评分 | 备注 |
|---|---|---|---|---|---|
| 1 | 安装工艺质量 | 安装牢靠无松动 | 10 | | |
| 2 | | 弹簧垫圈和平垫圈使用正确 | 5 | | |
| 3 | 电气施工质量 | 导线连接牢靠，导线接头无露铜 | 10 | | |
| 4 | | 线缆绑扎及行走方式正确 | 5 | | |
| 5 | | 开关传感器安装接线正确 | 5 | | |
| 6 | | PLC、驱动器、电动机接线正确 | 5 | | |
| 7 | 功能测试 | 三个轴正向点动功能 | 15 | | |
| 8 | | 三个轴反向点动功能 | 15 | | |
| 9 | | 三个轴回零功能 | 15 | | |
| 10 | | 三个轴定位功能 | 15 | | |
| 合计 | | | 100 | | |

表 10-8　验收过程问题记录表

| 序号 | 验收问题记录 | 整改措施 | 完成时间 | 备注 |
|---|---|---|---|---|
| | | | | |
| | | | | |
| | | | | |
| | | | | |
| | | | | |
| | | | | |

| 项目 4　智能制造系统其他单元安装与调试 | | 任务 10　仓储单元机械手调试 | |
|---|---|---|---|
| 姓名： | 班级： | 日期： | 评价页 |

## 评价反馈

各组展示任务完成情况，介绍任务的完成过程并提交阐述材料，进行学生自评、学生组内互评、教师评价，完成考核评价表（见表 10-9）。

？引导问题 21：在本次任务完成过程中，给你印象最深的是哪件事？自己的职业能力有哪些明显提高？

？引导问题 22：你对机械手了解了多少？还想继续学习关于机械手的哪些内容？

表 10-9　考核评价表

| 评价项目 | 评价内容 | 分值 | 自评 20% | 互评 20% | 教师评价 60% | 合计 |
|---|---|---|---|---|---|---|
| 职业素养 40 分 | 爱岗敬业、安全意识、责任意识、服从意识 | 10 | | | | |
| | 积极参加任务活动，按时完成工作页 | 10 | | | | |
| | 团队合作、交流沟通能力、集体主义精神 | 10 | | | | |
| | 劳动纪律，职业道德 | 5 | | | | |
| | 现场 6S 标准，行为规范 | 5 | | | | |
| 专业能力 60 分 | 专业资料检索能力，中外品牌分析能力 | 10 | | | | |
| | 制订计划能力，严谨认真 | 10 | | | | |
| | 操作符合规范，精益求精 | 15 | | | | |
| | 工作效率，分工协作 | 10 | | | | |
| | 任务验收质量，质量意识 | 15 | | | | |
| 合计 | | 100 | | | | |
| 创新能力加分 20 分 | 创新性思维和行动 | 20 | | | | |
| 总计 | | 120 | | | | |
| 教师签名： | | | 学生签名： | | | |

| 项目 4　智能制造系统其他单元安装与调试 | | 任务 10　仓储单元机械手调试 | |
| --- | --- | --- | --- |
| 姓名： | 班级： | 日期： | 知识页 |

## 相关知识点：机械手的基础知识

### 一、机械手

机械手是一种能模仿人手的某些动作功能，按固定程序抓取、搬运物件或操作工具的自动装置。它在性能上兼有人和机器的优点，可代替人的繁重劳动以实现生产的机械化和自动化，能在有害环境下操作以保护人身安全，因而广泛应用于机械制造、冶金、电子、轻工和原子能等部门。

### 二、机械手的构成

机械手主要由执行机构、驱动机构和控制系统三大部分组成。手部是用来抓持工件的部件，根据被抓持物件的形状、尺寸、重量、材料和作业要求而有多种结构形式，如夹持型、托持型和吸附型等。执行机构使手部完成各种运动来实现规定的动作，改变被抓持物件的位置和姿势。执行机构的升降、伸缩、旋转等独立运动方式称为机械手的自由度。为了抓取空间中任意位置和方位的物体，需要 6 个自由度。自由度是机械手设计的关键参数。自由度越多，机械手的灵活性越大，通用性越广，其结构也越复杂。控制系统是通过对机械手每个自由度电动机的控制，来完成特定动作。同时接收传感器反馈的信息，形成稳定的闭环控制。控制系统的核心通常是由单片机或 DSP 等微控制芯片构成，通过对其编程实现所需功能。

### 三、机械手的控制

机械手控制的要素包括工作顺序、到达位置、动作时间、运动速度、加减速度等。机械手的控制分为点位控制和连续轨迹控制两种。控制系统可根据动作的要求通过程序进行控制。

### 四、步进电动机

步进电动机有如下特点：

1）来一个脉冲，转一个步距角。

2）控制脉冲频率，可控制电动机转速。

3）改变脉冲顺序，可改变电动机转动方向。

4）电动机角位移量或丝杠线位移量与脉冲数成正比。

步进电动机主要用于开环位置控制系统，系统较简单，控制较容易，维修也较方便，而且为全数字化控制，多用于精度要求不太高的经济型数控机床、电加工机床及打印机等设备。

扫码看知识 10：

机械手基础知识

### 五、步进电动机驱动器

### 六、机械手安装和电气线路连接工艺及调试方法

1）机械手安装工艺；2）电气线路连接工艺；3）机械手调试方法。

# 任务 11 视觉系统安装与调试

| 项目 4 智能制造系统其他单元安装与调试 | | 任务 11 视觉系统安装与调试 | |
|---|---|---|---|
| 姓名： | 班级： | 日期： | 任务页 1 |

## 学习任务描述

在智能制造系统集成应用平台中，工业机器人把加工完成的物料从数控加工站取出，并放在工业相机下进行触发拍照，视觉系统拍完照片后，通过 VM 软件进行数据处理，把处理后的数据发送给 PLC，判断物料形状和尺寸，即大料还是小料。本学习任务要求掌握视觉系统安装与调试的知识技能，使其能在智能制造系统中发挥作用。

## 学习目标

1）通过信息查询获得关于工业相机的相关知识，包括知名品牌、产品性能、应用领域、技术特点、发展规模，培养民族自豪感。

2）通过查阅资料，比较国产品牌和进口品牌的异同，正视我国与世界知名品牌的差距，学习国外先进技术的同时努力推动国产工业相机的发展和应用。

3）根据技术资料，了解视觉系统的工业相机和软件安装与调试方法。

4）通过小组合作，培养团队协作精神，制定工业相机安装与系统调试的工作计划。

5）在教师指导下，按照工艺要求，尝试在工业相机编程并上传给 PLC，培养精益求精的工匠精神。

6）小组进行施工检查验收，解决视觉系统安装与调试中存在的问题，注重过程性评价，注重综合素养的培养和提升。

## 任务书

在智能制造系统中，需要视觉系统判断物料形状、尺寸，再由 VM 软件将物料状态数据上传到 PLC 系统。请完成视觉系统的相机安装、软件安装与调试，使视觉系统能够在零件加工智能制造系统中实现对物料的信息识别、判定及传输。

| 项目 4　智能制造系统其他单元安装与调试 | | 任务 11　视觉系统安装与调试 | |
|---|---|---|---|
| 姓名： | 班级： | 日期： | 任务页 2 |

## 任务分组

将班级学生分组，可 4 ～ 8 人为一组，轮值安排组长，使每个人都有锻炼培养组织协调和管理能力的机会。各组任务可以相同或不同，明确每组的人员和任务分工，注意培养团队协作能力。任务分工表见表 11-1。

表 11-1　任务分工表

| 班级 | | 组号 | | 任务 | |
|---|---|---|---|---|---|
| 组长 | | 时间段 | | 指导教师 | |
| 姓名 | 学号 | 任务分工 | | | 备注 |
| | | | | | |
| | | | | | |
| | | | | | |
| | | | | | |
| | | | | | |
| | | | | | |
| | | | | | |
| | | | | | |

| 项目 4　智能制造系统其他单元安装与调试 | | 任务 11　视觉系统安装与调试 | |
|---|---|---|---|
| 姓名： | 班级： | 日期： | 信息页 |

## 获取信息

? 引导问题 1：自主学习，了解视觉系统在智能制造系统中的作用。

? 引导问题 2：自主学习，了解视觉系统的组成、功能、参数及用途。

? 引导问题 3：查阅资料，了解工业相机的硬件安装要求。

? 引导问题 4：查阅资料，了解视觉系统软件安装与调试方法。

? 引导问题 5：了解视觉系统的使用过程。

? 引导问题 6：工业相机的安装位置如何确定？

? 引导问题 7：工业相机电气线路所连接的是哪些设备名称？是何种接线方式？

? 引导问题 8：如何调整工业相机的角度？

? 引导问题 9：如何将拍摄到的数据传输给 PLC？

? 引导问题 10：画出视觉系统的组成框图。

### 小提示

工业视觉系统的组成包括工业相机、镜头、可调支架、平行光源及数字控制器、电缆及视觉软件等。其功能是对物料形状尺寸或工件成品的表面缺陷进行检测，并通过视觉处理软件将检测结果发送至 PLC。在零件加工智能制造系统平台（DLIM-441）中，视觉系统的安装位置及接口如图 11-1 所示。

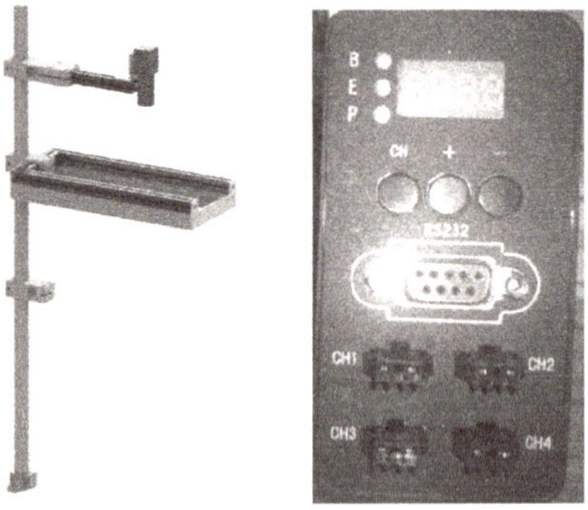


图 11-1　视觉系统的安装位置及接口

该视觉系统的主要参数如下。

相机像素：320 万像素。

电源参数：2.6W，DC 12V，电压范围为 5 ～ 15V，支持 POE。

镜头：600 万像素，25mm 焦距。

镜头接口：C-Mount。

软件：MVS 或第三方支持 GigE Vision 协议软件，兼容 GigE Vision V1.2。

操作系统：Windows XP/7/10 32/64bits。

| 项目 4　智能制造系统其他单元安装与调试 | | 任务 11　视觉系统安装与调试 | |
|---|---|---|---|
| 姓名： | 班级： | 日期： | 计划页 |

## 工作计划

按照任务书要求和获取的信息制订工业相机安装调试的工作方案，包括器件、材料、工具准备，工艺流程安排，检查调试等工作内容和步骤，以及材料、工具、器件清单。方案需要考虑到绿色环保与节能要素。工业相机安装调试工作方案见表 11-2，材料、工具、器件计划清单见表 11-3。

表 11-2　工业相机安装调试工作方案

| 步骤名称 | 工作内容 | 负责人 |
|---|---|---|
| | | |
| | | |
| | | |
| | | |
| | | |
| | | |
| | | |
| | | |

表 11-3　材料、工具、器件计划清单

| 序号 | 名称 | 型号和规格 | 单位 | 数量 | 备注 |
|---|---|---|---|---|---|
| | | | | | |
| | | | | | |
| | | | | | |
| | | | | | |
| | | | | | |
| | | | | | |
| | | | | | |
| | | | | | |

| 项目 4　智能制造系统其他单元安装与调试 | | 任务 11　视觉系统安装与调试 | |
|---|---|---|---|
| 姓名： | 班级： | 日期： | 决策页 |

## 进行决策

对不同组员（或不同组别）的工作计划进行选材、工艺、施工方案的对比、分析、论证，整合完善，形成小组决策，作为工作实施的依据。计划对比分析见表 11-4，工业相机安装调试决策方案见表 11-5，材料、工具、器件最终清单见表 11-6。

表 11-4　计划对比分析

| 组员 | 计划中的优点 | 计划中的缺陷 | 优化方案 |
|---|---|---|---|
| | | | |
| | | | |
| | | | |
| | | | |
| | | | |
| | | | |
| | | | |

表 11-5　工业相机安装调试决策方案

| 步骤名称 | 工作内容 | 负责人 |
|---|---|---|
| | | |
| | | |
| | | |
| | | |
| | | |
| | | |
| | | |

表 11-6　材料、工具、器件最终清单

| 序号 | 名称 | 型号和规格 | 单位 | 数量 | 备注 |
|---|---|---|---|---|---|
| | | | | | |
| | | | | | |
| | | | | | |
| | | | | | |
| | | | | | |
| | | | | | |
| | | | | | |

| 项目 4　智能制造系统其他单元安装与调试 | | 任务 11　视觉系统安装与调试 | |
|---|---|---|---|
| 姓名： | 班级： | 日期： | 实施页 1 |

## 工作实施

按以下步骤实现视觉系统的安装调试工作。

### 1. 工业相机的安装固定

1）根据工业相机的作用，结合设备安装工艺要求，确定其安装位置。

2）清洁所安装设备的台面，保证平整、干净、干燥，保证设备安装的位置水平、牢固、美观。

3）将工业相机用螺钉安装并固定在专用的相机支架上。

4）将相机支架安装在规定的视频检测工作位置，调整相机支架位置，以确保相机与检测台互相垂直，调整相机与被测体之间的距离，之后将支架固定牢固。

5）按照规范连接工业相机电气线路，正确连接电源线和各信号线。**注意：**线缆需固定在弹性线卡内，避免出现在工业相机的镜头中。

工业相机安装效果图如图 11-2 所示。

图 11-2　工业相机安装效果图

? 引导问题 11：工业相机安装工作实施中有哪些安全、环保、节约方面的注意事项？

? 引导问题 12：在工业相机安装过程中，遇到了哪些计划中没有考虑到的问题？是如何解决的？

### 2. 视觉系统的调试

1）安装视觉系统软件，并安装工业相机驱动程序。

2）通过软件主菜单、工具栏对相机参数进行设置。

3）调试工业相机分辨率及高度，确保清晰拍摄物料的完整形状。

4）正确设置工业相机的 IP 地址。

5）在工业相机软件中设置相应参数，编程并上传给 PLC，检查 PLC 并确认接收到符合实际要求的信号。

视觉系统调试如图 11-3 所示，相机拍照之后，通过软件 VM 编程发送拍照数据，PLC 接收相机数据并判断是大料还是小料。

| 项目 4　智能制造系统其他单元安装与调试 | | 任务 11　视觉系统安装与调试 | |
|---|---|---|---|
| 姓名： | 班级： | 日期： | 实施页 2 |

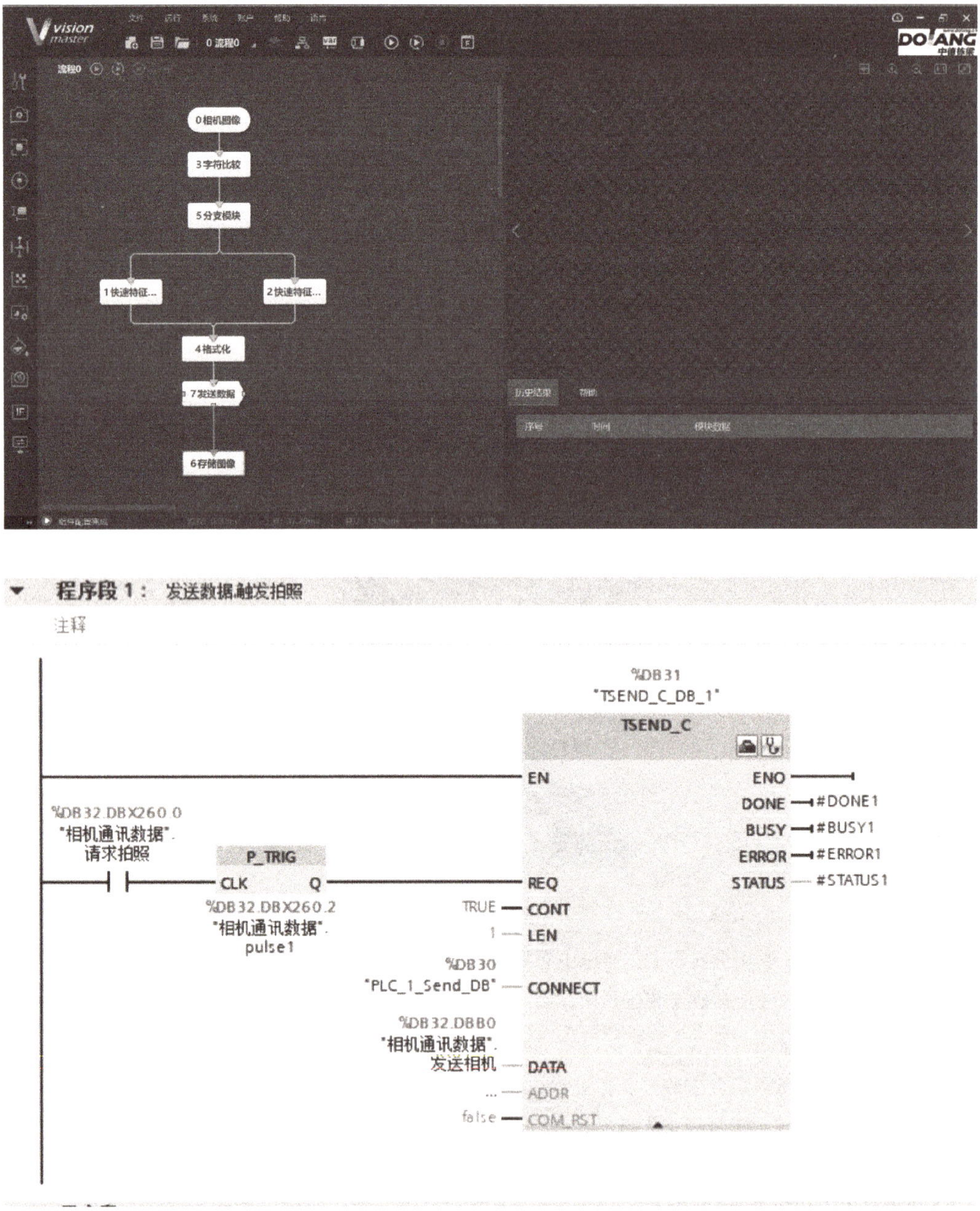


图 11-3　视觉系统调试

| 项目 4　智能制造系统其他单元安装与调试 | | 任务 11　视觉系统安装与调试 | |
|---|---|---|---|
| 姓名： | 班级： | 日期： | 实施页 3 |

**程序段 2：** 接收数据，反馈拍照结果。

注释

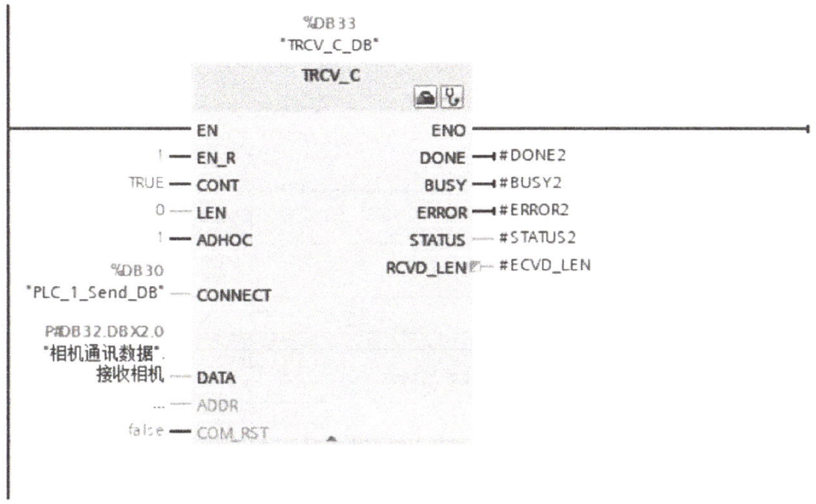


**程序段 3：** 根据拍照的数据，进行解析，确定料块是否合格。

检测结果=0，检测不合格，检测结果=1，检测到小料块合格，料块结果=2，检测到大料块合格。

```
IF "相机通讯数据".接收相机 = '' OR "相机通讯数据".接收相机 = '0,0' THEN
    "相机通讯数据".检测结果 := 0;
END_IF;
IF "相机通讯数据".接收相机 = '1,0' THEN
    "相机通讯数据".检测结果 := 1;
END_IF;
IF "相机通讯数据".接收相机 = '0,1' THEN
    "相机通讯数据".检测结果 := 2;
END_IF;
```

图 11-3　视觉系统调试（续）

? 引导问题 13：在视觉系统调试的工作实施中，每一步骤的目的是什么？

? 引导问题 14：工业相机图像不清晰的原因是什么？

? 引导问题 15：若 PLC 未接收到视觉信号，应如何检查？

| 项目 4　智能制造系统其他单元安装与调试 | | 任务 11　视觉系统安装与调试 | |
|---|---|---|---|
| 姓名： | 班级： | 日期： | 检查页 |

## 检查验收

根据视觉系统工作情况，按照验收标准对任务完成情况进行检查验收和评价，包括工艺质量、施工质量、检测准确性等，并将验收问题及其整改措施、完成时间进行记录。验收标准及评分表见表 11-7，验收过程问题记录表见表 11-8。

表 11-7　验收标准及评分表

| 序号 | 验收项目 | 验收标准 | 分值 | 教师评分 | 备注 |
|---|---|---|---|---|---|
| 1 | 工业相机安装质量 | 各部分安装牢固，平直无歪斜 | 20 | | |
| 2 | 相机电气接线质量 | 接线项目完整，无遗漏 | 20 | | |
| 3 | 工艺规范 | 机械安装和电气接线符合工艺规范 | 20 | | |
| 4 | 软件安装质量 | 安装完成，实现应用 | 20 | | |
| 5 | 视觉系统调试结果 | 图像清晰完整，参数设置正确，PLC 接收信号正确 | 20 | | |
| 合计 | | | 100 | | |

表 11-8　验收过程问题记录表

| 序号 | 验收问题记录 | 整改措施 | 完成时间 | 备注 |
|---|---|---|---|---|
| | | | | |
| | | | | |
| | | | | |
| | | | | |
| | | | | |
| | | | | |

| 项目 4　智能制造系统其他单元安装与调试 | | 任务 11　视觉系统安装与调试 | |
|---|---|---|---|
| 姓名： | 班级： | 日期： | 评价页 |

## 评价反馈

各组展示任务完成情况，介绍任务的完成过程并提交阐述材料，进行学生自评、学生组内互评、教师评价，完成考核评价表（见表 11-9）。

？引导问题 16：在本次任务完成过程中，给你印象最深的是哪件事？自己的职业能力有哪些明显提高？

？引导问题 17：在了解了视觉系统的安装调试之后，你认为关于视觉系统还应该继续学习哪些内容？

表 11-9　考核评价表

| 评价项目 | 评价内容 | 分值 | 自评 20% | 互评 20% | 教师评价 60% | 合计 |
|---|---|---|---|---|---|---|
| 职业素养 40 分 | 爱岗敬业、安全意识、责任意识、服从意识 | 10 | | | | |
| | 积极参加任务活动，按时完成工作页 | 10 | | | | |
| | 团队合作、交流沟通能力、集体主义精神 | 10 | | | | |
| | 劳动纪律，职业道德 | 5 | | | | |
| | 现场 6S 标准，行为规范 | 5 | | | | |
| 专业能力 60 分 | 专业资料检索能力，中外品牌分析能力 | 10 | | | | |
| | 制订计划能力，严谨认真 | 10 | | | | |
| | 操作符合规范，精益求精 | 15 | | | | |
| | 工作效率，分工协作 | 10 | | | | |
| | 任务验收质量，质量意识 | 15 | | | | |
| 合计 | | 100 | | | | |
| 创新能力 加分 20 分 | 创新性思维和行动 | 20 | | | | |
| 总计 | | 120 | | | | |
| 教师签名： | | 学生签名： | | | | |

| 项目 4　智能制造系统其他单元安装与调试 | | 任务 11　视觉系统安装与调试 | |
|---|---|---|---|
| 姓名： | 班级： | 日期： | 知识页 |

## 相关知识点：工业相机视觉系统基础知识

### 一、视觉系统的概念

视觉系统就是用机器代替人眼进行测量和判断，将被摄取目标的图像信号传送给图像处理系统，图像系统对这些信号进行各种运算来抽取目标的特征，从而使检测系统做出判断，并根据判断结果控制现场的设备动作。它在识别物品、检测缺陷方面具有直接的重要作用。机器视觉易于实现信息集成，是实现智能集成制造的基础技术，已广泛用于生产线上对产品进行测量、检测、定位和识别，大幅度提高了生产质量和效率。

视觉系统主要包含工业相机、工业镜头、视觉光源、图像处理软件、传感器、运动及控制装置等。应用中可根据安装环境、设备空间、是否运动、检测精度、检测速度、软件工具等进行选用。

### 二、工业相机的常用参数

工业相机是机器视觉系统中的一个关键组件，其主要功能是采集图像并传输图像，相机参数直接影响到图像质量和传输过程，同时也与整个视觉系统的运行直接相关。

1）分辨率；2）帧率；3）镜头。

### 三、工业相机的接口类型

1）GIGE 千兆网接口；2）USB 接口；3）Camera Link 接口；4）1394 火线接口。

### 四、图像传感器的工作原理

图像传感器是指能感受光学图像信息并转换成可用输出信号的传感器。它是一种特殊的半导体材料，由大量独立的感光二极管组成，一般按照矩阵形式排列，相当于传统相机的胶卷。根据元件芯片不同，图像传感器可以分为 CCD 和 CMOS 两类。

**扫码看知识 11：**

工业相机视觉系统基础知识

**扫码看视频 5：**

视觉系统安装

# 任务 12　传感器安装与调试

| 项目 4　智能制造系统其他单元安装与调试 | | 任务 12　传感器安装与调试 | |
|---|---|---|---|
| 姓名： | 班级： | 日期： | 任务页 1 |

## 学习任务描述

智能制造系统集成应用平台中物料在智能仓储站和机器人站分别用到了原点检测传感器、光电传感器。其中，在三轴机械手运送物料过程中，机械手在前进、后退、上升、下降及三轴机械手的伸出、收回分别用到原点检测传感器；前进到位、后退到位、上升到位、下降到位以及三轴机械手的伸出到位、收回到位用到限位开关；中转检测台用到检测物料有无的光电开关；夹具放置架用到检测夹具有无的光电开关。本次学习任务要求安装调试这些传感器，完成传感器电气连接及位置固定，以保证各设备按要求准确到达目标位置。

## 学习目标

1）通过信息查询获得关于传感器的应用知识，对比国内及国外品牌的技术特点、产品性能，培养民族自豪感的同时，正视我国品牌与世界知名品牌的差距，学习国外先进技术，培养学生努力推动国产品牌改进和发展的信心。

2）根据技术资料理解传感器的工作原理。

3）通过小组合作，培养团队协作精神，制订传感器的电气连接及位置固定的工作计划。

4）在教师指导下，按照工艺要求完成传感器电气连接的施工操作，并培养严谨、认真的职业素养。

5）在教师指导下，根据传感器定位要求完成传感器位置固定的施工操作，并培养精益求精的工匠精神。

6）小组进行施工检查验收，解决传感器在检测中存在的问题，注重过程性评价，注重综合素养的培养和提升。

## 任务书

在智能制造系统中，请完成三个任务：①从物料原料库到中转台之间的运输，完成三轴机械手各轴传感器的安装和调试工作，以实现三轴机械手在原料库到中转台之间的准确定位；②夹具台传感器的安装与调试；③机器人原点传感器的安装与调试。

| 项目 4　智能制造系统其他单元安装与调试 | | 任务 12　传感器安装与调试 | |
|---|---|---|---|
| 姓名： | 班级： | 日期： | 任务页 2 |

## 任务分组

将班级学生分组，可 4 ～ 8 人为一组，轮值安排组长，使每个人都有锻炼培养组织协调和管理能力的机会。各组任务可以相同或不同，明确每组的人员和任务分工，培养团队协作能力。学生任务分组表见表 12-1。

表 12-1　学生任务分组表

| 班级 | | 组号 | | 任务 | |
|---|---|---|---|---|---|
| 组长 | | 时间段 | | 指导教师 | |
| 姓名 | 学号 | 任务分工 | | | 备注 |
| | | | | | |
| | | | | | |
| | | | | | |
| | | | | | |
| | | | | | |
| | | | | | |
| | | | | | |
| | | | | | |

| 项目 4　智能制造系统其他单元安装与调试 | | 任务 12　传感器安装与调试 | |
|---|---|---|---|
| 姓名： | 班级： | 日期： | 信息页 |

## 获取信息

? 引导问题 1：自主学习三轴机械手应用的工作过程。

? 引导问题 2：查阅资料，了解原点传感器、光电传感器的工作原理。

? 引导问题 3：中转台、夹具台的光电开关有哪些？作用分别是什么？

? 引导问题 4：三轴机械手控制系统中的原点传感器、限位开关有哪些？作用分别是什么？

? 引导问题 5：三轴机械手传感器的安装位置是如何确定的？

? 引导问题 6：机器人原点传感器的作用有哪些？

? 引导问题 7：机器人原点传感器的安装位置如何确定？

? 引导问题 8：光电传感器的接线方式是什么？

? 引导问题 9：原点传感器的接线方式是什么？

? 引导问题 10：限位开关的接线方式是什么？

? 引导问题 11：如何判断安装好的传感器信号是否正常？

| 项目 4　智能制造系统其他单元安装与调试 | | 任务 12　传感器安装与调试 | |
|---|---|---|---|
| 姓名： | 班级： | 日期： | 计划页 |

## 工作计划

按照任务书要求和获取的信息制订各位置传感器安装位置的工作方案，包括器件、材料、工具准备，工艺流程安排，检查调试等工作内容和步骤，完成传感器的安装调试工作方案，材料、工具、器件清单两个表格。方案需要考虑到绿色环保与节能要素。传感器安装调试工作方案见表 12-2，材料、工具、器件计划清单见表 12-3。

表 12-2　传感器安装调试工作方案

| 步骤名称 | 工作内容 | 负责人 |
|---|---|---|
| | | |
| | | |
| | | |
| | | |
| | | |
| | | |

表 12-3　材料、工具、器件计划清单

| 序号 | 名称 | 型号和规格 | 单位 | 数量 | 备注 |
|---|---|---|---|---|---|
| | | | | | |
| | | | | | |
| | | | | | |
| | | | | | |
| | | | | | |
| | | | | | |

| 项目 4　智能制造系统其他单元安装与调试 | | 任务 12　传感器安装与调试 | |
|---|---|---|---|
| 姓名： | 班级： | 日期： | 决策页 |

## 进行决策

对不同组员（或不同组别）的工作计划进行选材、工艺、施工方案的对比、分析、论证，整合完善，形成小组决策，作为工作实施的依据。计划对比分析见表 12-4，传感器设置决策方案见表 12-5，材料、工具、器件最终清单见表 12-6。

表 12-4　计划对比分析

| 组员 | 计划中的优点 | 计划中的缺陷 | 优化方案 |
|---|---|---|---|
| | | | |
| | | | |
| | | | |
| | | | |
| | | | |
| | | | |

表 12-5　传感器设置决策方案

| 步骤名称 | 工作内容 | 负责人 |
|---|---|---|
| | | |
| | | |
| | | |
| | | |
| | | |
| | | |

表 12-6　材料、工具、器件最终清单

| 序号 | 名称 | 型号和规格 | 单位 | 数量 | 备注 |
|---|---|---|---|---|---|
| | | | | | |
| | | | | | |
| | | | | | |
| | | | | | |
| | | | | | |
| | | | | | |
| | | | | | |

| 项目 4　智能制造系统其他单元安装与调试 | | 任务 12　传感器安装与调试 | |
|---|---|---|---|
| 姓名： | 班级： | 日期： | 实施页 |

## 工作实施

按以下步骤实现传感器的位置固定。

**1. 安装传感器的施工步骤**

1）根据各传感器功能，结合设备工艺要求，确定传感器的安装位置。

2）清洁所安装传感器的台面，达到平面平整、干净、干燥的要求，以保证传感器安装的位置水平、牢固、美观。

3）传感器固定前需要调整其水平，以确保传感器与被测体之间水平。

4）传感器固定后确保稳定，不能有松动现象。

5）传感器电气回路连接规范，各信号线接入正确。

？引导问题 12：传感器安装工作实施中有哪些安全、环保、节约方面的注意事项？

？引导问题 13：在传感器安装过程中，遇到了哪些计划中没有考虑到的问题？是如何解决的？自己的专业认知和职业素养有哪些提高？

？引导问题 14：根据工艺要求，除了所用传感器类型外，还可以采用其他什么类型传感器？它们各有什么特点？

？引导问题 15：根据工艺要求，传感器各信号线如何接入 PLC？画出接线图。

**2. 调试传感器的施工步骤**

1）三轴机械手限位开关的位置调试。控制机械手分别上升、下降、前进、后退、伸出、收回到位，观察是否可以达到所需位置，同时 PLC 是否接收到信号。

2）三轴机械手回到原点，原点传感器发出信号，三轴机械手离开原点，原点传感器信号消失，PLC 接收信号正确。

3）物料到达中转台指定位置，光电传感器发出信号，物料被取走，光电传感器信号消失，PLC 接收信号正确。

4）夹具到达夹具台指定位置，光电传感器发出信号，夹具被取走，光电传感器信号消失，PLC 接收信号正确。

5）机器人回到原点，原点传感器发出信号，机器人离开原点，原点传感器信号消失，PLC 接收信号正确。

？引导问题 16：在传感器调试的工作实施中，每一步骤的目的是什么？

？引导问题 17：物料放入中转台，PLC 接收不到信号的原因是什么？

？引导问题 18：若 PLC 未接收到原点传感器信号，应如何检查？

？引导问题 19：气缸气源充足，气路接线正确时，三轴机械手抓取不到物料的原因是什么？

| 项目 4　智能制造系统其他单元安装与调试 | | 任务 12　传感器安装与调试 | |
|---|---|---|---|
| 姓名： | 班级： | 日期： | 检查页 |

## 检查验收

根据三轴机械手和机器人的工作情况，按照验收标准对任务完成情况进行检查验收和评价，包括工艺质量、施工质量、传感器检测准确性等，并将验收问题及其整改措施、完成时间进行记录。验收标准及评分表见表 12-7，验收过程问题记录表见表 12-8。

表 12-7　验收标准及评分表

| 序号 | 验收项目 | 验收标准 | 分值 | 教师评分 | 备注 |
|---|---|---|---|---|---|
| 1 | 光电传感器安装工艺质量 | 传感器安装平整无歪斜、无松动，电气接线平整并进入线槽，与 PLC 连接正确、无毛刺 | 20 | | |
| 2 | 原点传感器安装工艺质量 | 传感器安装平整无歪斜、无松动、电气接线平整并进入线槽，与 PLC 连接正确、无毛刺 | 20 | | |
| 3 | 限位开关安装工艺质量 | 限位开关安装平整无歪斜、无松动，电气接线平整并进入线槽，与 PLC 连接正确、无毛刺 | 10 | | |
| 4 | 光电传感器检测准确性 | 检测位置准确，PLC 接收信号正确 | 20 | | |
| 5 | 原点传感器检测准确性 | 检测位置准确，PLC 接收信号正确 | 20 | | |
| 6 | 限位开关检测准确性 | 检测位置准确，PLC 接收信号正确 | 10 | | |
| 合计 | | | 100 | | |

表 12-8　验收过程问题记录表

| 序号 | 验收问题记录 | 整改措施 | 完成时间 | 备注 |
|---|---|---|---|---|
| | | | | |
| | | | | |
| | | | | |
| | | | | |
| | | | | |
| | | | | |

| 项目 4　智能制造系统其他单元安装与调试 | | 任务 12　传感器安装与调试 | |
|---|---|---|---|
| 姓名： | 班级： | 日期： | 评价页 |

## 评价反馈

各组展示任务完成情况，介绍任务的完成过程并提交阐述材料，进行学生自评、学生组内互评、教师评价，完成考核评价表（见表 12-9）。

？引导问题 20：在本次任务完成过程中，给你印象最深的是哪件事？自己的职业能力有哪些明显提高？

？引导问题 21：你对传感器的安装调试了解了多少？还想继续学习关于传感器的哪些内容？

表 12-9　考核评价表

| 评价项目 | 评价内容 | 分值 | 自评 20% | 互评 20% | 教师评价 60% | 合计 |
|---|---|---|---|---|---|---|
| 职业素养 40 分 | 爱岗敬业、安全意识、责任意识、服从意识 | 10 | | | | |
| | 积极参加任务活动，按时完成工作页 | 10 | | | | |
| | 团队合作、交流沟通能力、集体主义精神 | 10 | | | | |
| | 劳动纪律，职业道德 | 5 | | | | |
| | 现场 6S 标准，行为规范 | 5 | | | | |
| 专业能力 60 分 | 专业资料检索能力，中外品牌分析能力 | 10 | | | | |
| | 制订计划能力，严谨认真 | 10 | | | | |
| | 操作符合规范，精益求精 | 15 | | | | |
| | 工作效率，分工协作 | 10 | | | | |
| | 任务验收质量，质量意识 | 15 | | | | |
| 合计 | | 100 | | | | |
| 创新能力 加分 20 分 | 创新性思维和行动 | 20 | | | | |
| 总计 | | 120 | | | | |
| 教师签名： | | | 学生签名： | | | |

| 项目 4　智能制造系统其他单元安装与调试 | | 任务 12　传感器安装与调试 | |
|---|---|---|---|
| 姓名： | 班级： | 日期： | 知识页 |

## 相关知识点：光电开关、接近开关的工作原理及安装调试方法

### 一、光电开关

**1. 光电开关的工作原理**

光电开关（光电传感器）是光电接近开关的简称，是利用被检测物对光束的遮挡或反射，由同步回路接通电路，从而检测物体的有无。物体不限于金属，所有能反射光线（或者对光线有遮挡作用）的物体均可以被检测。光电开关将输入电流在发射器上转换为光信号射出，接收器再根据接收到的光线强弱或有无对目标物体进行探测。

**2. 光电开关的特点**

光电开关是传感器的一种，它把发射端和接收端之间光的强弱变化转换为电流的变化，以达到检测的目的。由于光电开关输出回路和输入回路是电隔离的（即电绝缘），所以它可以在许多场合得到应用。采用集成电路技术和 SMT 表面安装工艺而制造的新一代光电开关器件，具有延时、展宽、外同步、抗相互干扰、可靠性高、工作区域稳定和自诊断等智能化功能。

**3. 光电开关的分类**

按检测方式不同可分为对射型、漫反射型、镜面反射式、槽式光电开关和光纤式光电开关。

### 二、接近开关

**1. 电涡流接近开关的工作原理**

根据法拉第电磁感应原理，块状金属导体置于变化的磁场中，导体内将产生呈旋涡状的感应电流，称之为电涡流或涡流，这种现象称为涡流效应。而根据电涡流效应制成的传感器称为电涡流式传感器。

**2. 电涡流接近开关安装要求**

（1）对被测体的要求；（2）对工作温度的要求；（3）对探头支架的要求；（4）对初始间隙的要求。

### 三、行程开关

行程开关是一种常用的小电流主令电器。利用生产机械运动部件的碰撞使其触头动作来实现接通或分断控制电路，达到一定的控制目的。通常，这类开关被用来限制机械运动的位置或行程，使运动机械按一定位置或行程自动停止、反向运动、变速运动或自动往返运动等。

**扫码看知识 12：**

光电开关、接近开关的工作原理及安装调试方法

# 任务 13　RFID 功能测试

| 项目 4　智能制造系统其他单元安装与调试 | | 任务 13　RFID 功能测试 | |
|---|---|---|---|
| 姓名： | 班级： | 日期： | 任务页 1 |

## 学习任务描述

智能制造系统中物料状态监控的常用方法是射频识别技术（Radio Frequency Identification，RFID）。观看零件加工智能制造系统工作过程，其中有物料的 RFID 电子标签读写，当工业机器人将放在物料托盘上的毛坯和成品运至 RFID 读写位置时，系统会对托盘上的电子标签进行数据读写操作，以便记录当前物料托盘上的物料加工情况，并将物料的状态数据传送给 MES 系统。本学习任务要求学生先完成读写器的安装和电气线路的连接，然后完成 RFID 的功能测试。

## 学习目标

1）通过信息查询获得关于 RFID 的相关知识，包括知名品牌、产品性能、应用领域、技术特点、发展规模，培养民族自豪感。

2）根据技术资料理解 RFID 的工作原理。

3）通过小组合作，培养团队协作精神，制定 RFID 读写器安装、电气线路连接、功能测试的工作计划。

4）在教师指导下，按照工艺要求完成 RFID 读写器固定、电气线路连接的施工操作，并培养精益求精的工匠精神。

5）在教师指导下，根据给定要求完成 RFID 电子标签通信配置及读写功能测试等操作，注重过程性评价，注重安全、节约、环保意识的养成，注重综合素养的培养和提升。

6）小组进行施工检查验收，解决 RFID 安装测试中存在的问题。

## 任务书

在零件加工智能制造系统中，当工业机器人将放在物料托盘上的毛坯或成品运至 RFID 读写位置时，系统都会对托盘上的电子标签进行数据读写操作。请完成 RFID 读写器安装和电气线路连接工作，并实现 RFID 电子标签读写功能测试。零件加工智能制造系统使用的 RFID 读写器和带有电子标签的物料托盘实物图如图 13-1 所示。

a) RFID读写器

b) 带有电子标签的物料托盘

图 13-1　RFID 读写器及带有电子标签的物料托盘实物图

| 项目 4　智能制造系统其他单元安装与调试 | | 任务 13　RFID 功能测试 | |
|---|---|---|---|
| 姓名： | 班级： | 日期： | 任务页 2 |

## 任务分组

将班级学生分组，可 4 ～ 8 人为一组，轮值安排组长，使每个人都有锻炼培养组织协调和管理能力的机会。各组任务可以相同或不同，明确每组的人员和任务分工，注意培养团队协作能力。任务分工表见表 13-1。

表 13-1　任务分工表

| 班级 | | 组号 | | 任务 | |
|---|---|---|---|---|---|
| 姓名 | 学号 | 任务分工 | | | 备注 |
| | | | | | |
| | | | | | |
| | | | | | |
| | | | | | |
| | | | | | |
| | | | | | |
| | | | | | |
| | | | | | |

| 项目 4 智能制造系统其他单元安装与调试 | | 任务 13 RFID 功能测试 | |
|---|---|---|---|
| 姓名： | 班级： | 日期： | 信息页 |

## 获取信息

？引导问题 1：自主学习 RFID 应用的基础知识。

？引导问题 2：查阅资料，了解 RFID 的工作原理。

？引导问题 3：一个完整的 RFID 系统包含________、________、________三部分。

？引导问题 4：根据电子标签的供电方式不同，RFID 可以分为________、________及________三类。

？引导问题 5：RFID 工作时采用________（有线或无线）通信，读写数据时通过________传递数据。

？引导问题 6：日常生活中，哪些场合应用了 RFID 技术？请举例说明。

？引导问题 7：查看了解实训设备系统中采用的 RFID 读写器是什么品牌？什么型号？

？引导问题 8：实训设备系统中采用的 RFID 读写器的尺寸多大？采用什么安装方式？需要什么型号的螺栓？

？引导问题 9：在智能制造系统中，找出 RFID 读写器和电子标签的位置。

？引导问题 10：根据零件加工智能制造工艺流程，说明哪些工艺环节使用了 RFID 技术。

？引导问题 11：分析图 13-2 中 RFID 读写器与上位控制系统之间的通信关系。

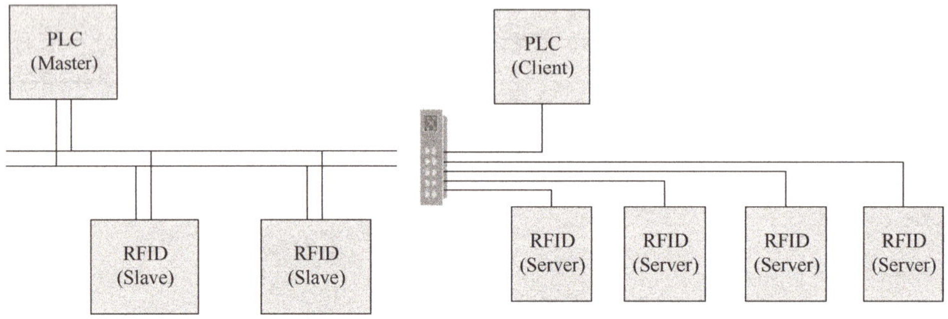


图 13-2 RFID 读写器与上位控制系统之间的通信关系

？引导问题 12：请根据需要写出 RFID 测试需要实现的功能。

？引导问题 13：查询资料，写出 RFID 的安装工艺要求。

### 小提示

RFID 工作原理：电子标签进入读写器工作范围内后，读写器发出射频信号，电子标签凭借感应电流所获得的能量发送出存储在芯片中的产品信息（无源标签或被动标签），或者由标签主动发送某一频率的信号（有源标签或主动标签），读写器读取信息并解码后，送至中央信息系统进行有关数据处理。

| 项目 4　智能制造系统其他单元安装与调试 | | 任务 13　RFID 功能测试 | |
|---|---|---|---|
| 姓名： | 班级： | 日期： | 计划页 |

## 工作计划

按照任务书要求和获取的信息制订 RFID 读写器安装、电气连接、电子标签读写功能测试的工作方案，包括器件、材料、工具准备，工艺流程安排，检查调试等工作内容和步骤，方案需要考虑到绿色环保节能、稳定可靠等要素。RFID 功能测试工作方案见表 13-2，材料、工具、器件计划清单见表 13-3。

表 13-2　RFID 功能测试工作方案

| 步骤名称 | 工作内容 | 负责人 |
|---|---|---|
| | | |
| | | |
| | | |
| | | |
| | | |
| | | |
| | | |
| | | |

表 13-3　材料、工具、器件计划清单

| 序号 | 名称 | 型号和规格 | 单位 | 数量 | 备注 |
|---|---|---|---|---|---|
| | | | | | |
| | | | | | |
| | | | | | |
| | | | | | |
| | | | | | |
| | | | | | |
| | | | | | |
| | | | | | |

? 引导问题 14：零件加工智能制造系统中采用的 RFID 读写器有哪几种通信接口？

? 引导问题 15：画出 RFID 功能测试施工流程框图。

| 项目 4　智能制造系统其他单元安装与调试 | | 任务 13　RFID 功能测试 | |
|---|---|---|---|
| 姓名： | 班级： | 日期： | 决策页 |

## 进行决策

对不同组员（或不同组别）的工作计划进行选材、工艺、施工方案的对比、分析、论证，整合完善，形成小组决策，作为工作实施的依据。计划对比分析见表 13-4，RFID 功能测试决策方案见表 13-5，材料、工具、器件最终清单见表 13-6。

表 13-4　计划对比分析

| 组员 | 计划中的优点 | 计划中的缺陷 | 优化方案 |
|---|---|---|---|
| | | | |
| | | | |
| | | | |
| | | | |
| | | | |
| | | | |

表 13-5　RFID 功能测试决策方案

| 步骤名称 | 工作内容 | 负责人 |
|---|---|---|
| | | |
| | | |
| | | |
| | | |
| | | |
| | | |
| | | |

表 13-6　材料、工具、器件最终清单

| 序号 | 名称 | 型号和规格 | 单位 | 数量 | 备注 |
|---|---|---|---|---|---|
| | | | | | |
| | | | | | |
| | | | | | |
| | | | | | |
| | | | | | |
| | | | | | |
| | | | | | |

| 项目 4　智能制造系统其他单元安装与调试 | | 任务 13　RFID 功能测试 | |
|---|---|---|---|
| 姓名： | 班级： | 日期： | 实施页 1 |

## 工作实施

按以下步骤实现 RFID 读写器的安装、电气连接及功能测试。

### 1. RFID 读写器的安装

1）选择合适的紧固件。

2）根据装配图样上 RFID 读写器的安装尺寸画线。

3）加装垫片，调整位置，紧固内六角螺母，安装并固定 RFID 读写器。

### 2. RFID 电子标签的固定

1）选择合适的螺栓。

2）把电子标签固定在物料托盘底部凹槽内。

### 3. RFID 读写器电气线路的连接

1）准备电缆并根据电气接线图接线。

2）准备通信电缆并根据网络拓扑图连接。

3）检查电气及网络线路，确认无误后通电。

？引导问题 16：列出零件加工智能制造系统中使用的 RFID 读写器接口引脚，见表 13-7。

表 13-7　RFID 读写器接口引脚

| PIN 引脚 | 功能定义 | 配套线材颜色 |
|---|---|---|
| 1 | | |
| 2 | | |
| 3 | | |
| 4 | | |
| 5 | | |
| 6 | | |
| 7 | | |
| 8 | | |

### 4. RFID 功能测试

1）把带有电子标签的物料托盘放到 RFID 读写位置，给读写器供电。

2）用网线连接计算机和读写器，确保网址在一个网段。

3）运行 RFID 测试软件，设置 RFID 读写器 IP 地址，单击“Connect”按钮，弹出连接成功对话框。

4）查看 RFID 读写器当前状态。

5）进行读写操作。

| 项目 4　智能制造系统其他单元安装与调试 | | 任务 13　RFID 功能测试 | |
|---|---|---|---|
| 姓名： | 班级： | 日期： | 实施页 2 |

？引导问题 17：通过 RFID 读写器 LED 指示灯的不同颜色及状态判断 RFID 读写器处于什么工况？RFID 读写器 LED 指示灯状态含义见表 13-8。

表 13-8　RFID 读写器 LED 指示灯状态含义

| 名称 | 颜色 | 状态 | 描述 |
|---|---|---|---|
| RUN | 绿色灯<br>红色灯 | 绿色灯常亮 | |
| | | 红色灯常亮 | |
| | | 红色灯长闪 1 次 | |
| | | 红色灯长闪 2 次 | |
| | | 熄灭 | |
| LINK | 绿色灯 | 绿色灯常亮 | |
| | | 绿色灯短闪烁 | |
| | | 绿色灯长闪烁 | |
| | | 熄灭 | |
| RESULT | 绿色灯 | 绿色灯常亮 | |
| | | 熄灭 | |
| TAG | 绿色灯<br>橙色灯 | 绿色灯常亮 | |
| | | 橙色灯常亮 | |
| | | 橙色灯闪烁 | |
| | | 熄灭 | |

？引导问题 18：在 RFID 调试实施中，遇到了哪些计划中没有考虑到的问题？是如何解决的？

？引导问题 19：如何判定 RFID 读写器对电子标签成功写入了数据？

？引导问题 20：若 LINK 指示灯不亮，可能是什么原因导致的？应采取什么措施？

| 项目 4　智能制造系统其他单元安装与调试 | | 任务 13　RFID 功能测试 | |
|---|---|---|---|
| 姓名： | 班级： | 日期： | 检查页 |

## 检查验收

根据 RFID 读写功能测试工作情况，按照验收标准对任务完成情况进行检查验收和评价，包括工艺质量、施工质量、RFID 读写功能测试等，并将验收问题及其整改措施、完成时间进行记录。验收标准及评分表见表 13-9，验收过程问题记录表见表 13-10。

表 13-9　验收标准及评分表

| 序号 | 验收项目 | 验收标准 | 分值 | 教师评分 | 备注 |
|---|---|---|---|---|---|
| 1 | 安装工艺质量 | 安装牢固无松动 | 5 | | |
| | | 螺母无划痕或损伤 | 5 | | |
| | | 弹簧垫圈和平垫圈使用正确 | 5 | | |
| 2 | 电气施工质量 | 导线连接牢固 | 5 | | |
| | | 导线接头无明显露铜 | 5 | | |
| | | 线缆绑扎及行走方式正确 | 5 | | |
| | | 电路连接无错误，能正常通电 | 10 | | |
| 3 | 功能测试 | 能读取给定的电子标签数据 | 20 | | |
| | | 能向给定电子标签写入数据 | 20 | | |
| | | 会观察 RFID 读写器 LED 指示灯 | 20 | | |
| 合计 | | | 100 | | |

表 13-10　验收过程问题记录表

| 序号 | 验收问题记录 | 整改措施 | 完成时间 | 备注 |
|---|---|---|---|---|
| | | | | |
| | | | | |
| | | | | |
| | | | | |
| | | | | |
| | | | | |

| 项目 4　智能制造系统其他单元安装与调试 | | 任务 13　RFID 功能测试 | |
|---|---|---|---|
| 姓名： | 班级： | 日期： | 评价页 |

## 评价反馈

各组展示任务完成情况，介绍任务的完成过程并提交阐述材料，进行学生自评、学生组内互评、教师评价，完成考核评价表（见表 13-11）。

？引导问题 21：在本次任务完成过程中，给你印象最深的是哪件事？自己的职业能力有哪些明显提高？

？引导问题 22：你对 RFID 了解了多少？还想继续学习关于 RFID 的哪些内容？

表 13-11　考核评价表

| 评价项目 | 评价内容 | 分值 | 自评 20% | 互评 20% | 教师评价 60% | 合计 |
|---|---|---|---|---|---|---|
| 职业素养 40 分 | 爱岗敬业、安全意识、责任意识、服从意识 | 10 | | | | |
| | 积极参加任务活动，按时完成工作页 | 10 | | | | |
| | 团队合作、交流沟通能力、集体主义精神 | 10 | | | | |
| | 劳动纪律，职业道德 | 5 | | | | |
| | 现场 6S 标准，行为规范 | 5 | | | | |
| 专业能力 60 分 | 专业资料检索能力，中外品牌分析能力 | 10 | | | | |
| | 制订计划能力，严谨认真 | 10 | | | | |
| | 操作符合规范，精益求精 | 15 | | | | |
| | 工作效率，分工协作 | 10 | | | | |
| | 任务验收质量，质量意识 | 15 | | | | |
| 合计 | | 100 | | | | |
| 创新能力 加分 20 分 | 创新性思维和行动 | 20 | | | | |
| 总计 | | 120 | | | | |
| 教师签名： | | | 学生签名： | | | |

| 项目 4　智能制造系统其他单元安装与调试 | | 任务 13　RFID 功能测试 | |
|---|---|---|---|
| 姓名： | 班级： | 日期： | 知识页 |

## 相关知识点：RFID 基础知识

### 一、RFID 的定义

无线射频识别即射频识别技术（Radio Frequency Identification，RFID），是自动识别技术的一种，通过无线射频方式进行非接触双向数据通信，利用无线射频方式对记录媒体（电子标签或射频卡）进行读写，从而达到识别目标和数据交换的目的，被认为是 21 世纪最具发展潜力的信息技术之一。

### 二、RFID 的发展历史

### 三、RFID 的组成

RFID 系统由读写器、电子标签和数据管理系统三部分组成。

### 四、RFID 的工作原理

RFID 技术的基本工作原理并不复杂：标签进入读写器读写范围后，接收读写器发出的射频信号，凭借感应电流所获得的能量发送出存储在芯片中的产品信息（Passive Tag，无源标签或被动标签），或者由标签主动发送某一频率的信号（Active Tag，有源标签或主动标签），读写器读取信息并解码后，送至中央信息系统进行有关数据处理。

### 五、RFID 的特点

### 六、RFID 的分类

射频识别技术依据其标签的供电方式可分为三类，即无源 RFID、有源 RFID 及半有源 RFID。

### 七、RFID 的应用领域

### 八、认识 HR-I4 型 RFID 读写器

### 九、施工工艺

1. RFID 读写器和电子标签固定工艺

2. 电气连接工艺

### 十、RFID 功能测试

扫码看知识 13：

RFID 基础知识

扫码看视频 6：

RFID 安装测试

# 项目 5

# 智能制造系统各单元基本操作

| 项目 5　智能制造系统各单元基本操作 | | 任务 14 ～ 任务 18 | |
|---|---|---|---|
| 姓名： | 班级： | 日期： | 项目页 |

## 项目导言

本项目以智能制造系统各单元基本操作为学习目标，以典型作业任务引导学习，要求学生掌握基本操作步骤和简单指令编程，针对各项学习任务给出了任务要求、学习目标、工作步骤（六步法）、评价方案、学习资料等工作要求和学习指导。

## 项目任务

1. 掌握数控机床的基本操作。
2. 掌握工业机器人的基本操作。
3. 掌握 PLC 编程软件的安装与基本指令编程。
4. 掌握触摸屏组态与简单编程。

## 项目学习摘要

# 任务 14　数控机床基本操作

| 项目 5　智能制造系统各单元基本操作 | | 任务 14　数控机床基本操作 | |
|---|---|---|---|
| 姓名： | 班级： | 日期： | 任务页 1 |

## 学习任务描述

智能制造集成应用平台（例如 DLIM-441）主要由智能仓储站、智能物流站、工业机器人站和数控加工站组成。其中，数控加工站主要由加工站台体、小型数控加工中心等组成。它作为整个系统的生产核心，主要进行工件的加工及测量作业。本次学习任务要求学生进行数控机床的基本操作，完成工装自动夹紧毛坯件，加工中心按设定程序对毛坯进行铣削、钻孔等作业。

## 学习目标

1）通过信息查询获得关于 KNDK1000MC 工业级数控系统的应用知识。比较国产品牌和国外品牌的异同，以我国已进入世界高速数控机床和高精度精密数控机床生产国的行列，培养爱国主义情怀。

2）熟悉安全生产规程，达到现代数控技术生产者所具备的安全、环保等方面的综合素养。

3）根据技术资料理解数控系统操作面板与键盘。

4）通过小组合作培养团队协作精神，制定数控机床基本操作步骤。

5）在教师指导下，按照工艺要求完成数控机床的开关机与回零、对刀、程序调用等工作任务，培养严谨、认真的职业素养。

6）小组进行施工检查验收，解决数控机床操作中存在的问题，培养精益求精的工匠精神。

## 任务书

工业机器人完成机床上料工作后，请应用数控机床根据工件订单要求和加工程序进行零件加工。加工完成后，执行在线测量，根据测量结果判断是否返修：若返修，重新启动程序进行加工；若不返修，加工完成，机器人机床下料。工作流程框图和数控机床工作站如图 14-1 所示。

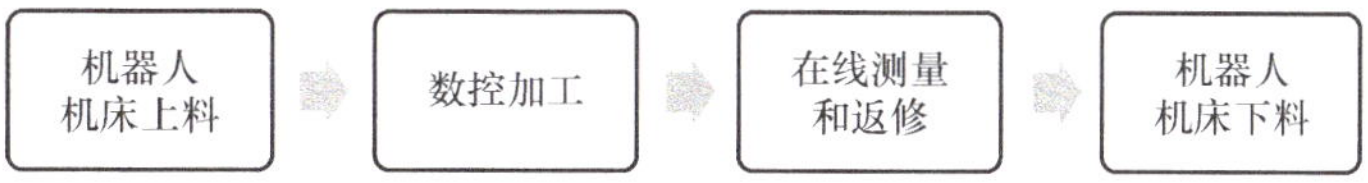


a）工作流程框图

b）数控机床工作站

图 14-1　工作流程框图及数控机床工作站

| 项目 5　智能制造系统各单元基本操作 | | 任务 14　数控机床基本操作 | |
|---|---|---|---|
| 姓名： | 班级： | 日期： | 任务页 2 |

## 任务分组

将班级学生分组，可 4 ～ 8 人为一组，轮值安排组长，使每个人都有锻炼组织协调能力与管理能力的机会。各组任务可以相同或不同，明确每组的人员和任务分工，注意培养团队协作能力。学生任务分组表见表 14-1。

表 14-1　学生任务分组表

| | | | | | |
|---|---|---|---|---|---|
| 班级 | | 组号 | | 任务 | |
| 组长 | | 时间段 | | 指导教师 | |
| 姓名 | 学号 | 任务分工 | | | 备注 |
| | | | | | |
| | | | | | |
| | | | | | |
| | | | | | |
| | | | | | |
| | | | | | |
| | | | | | |
| | | | | | |

| 项目 5　智能制造系统各单元基本操作 | | 任务 14　数控机床基本操作 | |
|---|---|---|---|
| 姓名： | 班级： | 日期： | 信息页 |

## 获取信息

? 引导问题 1：自主学习于 KNDK1000MC 工业级数控系统的基础知识。

? 引导问题 2：查阅资料，了解数控机床的安全生产规程。

? 引导问题 3：查阅资料，了解数控机床的应用场合。

? 引导问题 4：数控机床手动操作指各手动方式下的人工操作，而手动方式包括回零方式、________、________、________、单步方式。

? 引导问题 5：在数控机床操作中，为什么首先需要进行回零操作？

? 引导问题 6：在数控机床操作中，对刀的目的是什么？

? 引导问题 7：数控机床的安全操作规程是什么？

? 引导问题 8：如何进行手动回零？

? 引导问题 9：如何进行对刀，并将对刀后计算的数据填入数控系统？

### 小提示

DLIM-441 智能制造集成应用平台数控加工站主要由加工站台体、小型数控加工中心等组成，作为整个系统的生产的核心，进行工件的加工及测量作业。搭载 KNDK1000MC 工业级数控系统，兼容 FANUC、三菱 G 代码和多种 CAD/CAM 软件（MasterCAM、UG、CAXA 等软件编程等）。其主要技术参数如下：

1）重复定位精度为 0.02mm；

2）系统分辨率为 0.001mm；

3）*XYZ* 轴行程，横向（*X* 轴）为 210mm、纵向（*Y* 轴）为 95mm、垂直（*Z* 轴）为 200mm；

4）直列式 4 工位刀库；

5）4 轴三档电子手轮；

6）支持 API 网口读取系统状态数据，如转速、位置、坐标等；

7）I/O 端口：16 路输入和 16 路输出；

8）主轴功率 1.5kW；

9）使用 AC220V/50Hz 电源。

| 项目 5　智能制造系统各单元基本操作 | | 任务 14　数控机床基本操作 | |
|---|---|---|---|
| 姓名： | 班级： | 日期： | 计划页 |

## 工作计划

按照任务书要求和获取的信息，制订从机床上料、机床加工、在线测量和返修、机床下料的工作方案，包括器件、材料、工具准备，工艺流程安排，检查调试等工作内容和步骤，完成数控机床基本操作的工作方案，材料、工具、器件清单两个表格。数控机床基本操作方案见表 14-2，材料、工具、器件计划清单见表 14-3。

表 14-2　数控机床基本操作方案

| 步骤名称 | 工作内容 | 负责人 |
|---|---|---|
| | | |
| | | |
| | | |
| | | |
| | | |
| | | |

表 14-3　材料、工具、器件计划清单

| 序号 | 名称 | 型号和规格 | 单位 | 数量 | 备注 |
|---|---|---|---|---|---|
| | | | | | |
| | | | | | |
| | | | | | |
| | | | | | |
| | | | | | |
| | | | | | |

？引导问题 10：如何进行程序调用？

？引导问题 11：如何进行在线测量？

### 小提示

数控铣床的对刀方式通常有机内对刀和机外对刀两种方法。机内对刀可采用机内对刀仪或手动对刀，一般情况下，手动对刀有试切法或对点法。机外对刀通常采用机外对刀仪或三坐标测量仪等将刀具有关参数测量出来，把数据传送到数控机床内。本任务主要练习机内手动试切对刀。

| 项目 5　智能制造系统各单元基本操作 | | 任务 14　数控机床基本操作 | |
|---|---|---|---|
| 姓名： | 班级： | 日期： | 决策页 |

## 进行决策

对不同组员（或不同组别）的工作计划进行选材、工艺、施工方案的对比、分析、论证，整合完善，形成小组决策，作为工作实施的依据。计划对比分析见表 14-4，决策方案见表 14-5，材料、工具、器件最终清单见表 14-6。

表 14-4　计划对比分析

| 组员 | 计划中的优点 | 计划中的缺陷 | 优化方案 |
|---|---|---|---|
| | | | |
| | | | |
| | | | |
| | | | |
| | | | |
| | | | |

表 14-5　决策方案

| 步骤名称 | 工作内容 | 负责人 |
|---|---|---|
| | | |
| | | |
| | | |
| | | |
| | | |
| | | |

表 14-6　材料、工具、器件最终清单

| 序号 | 名称 | 型号和规格 | 单位 | 数量 | 备注 |
|---|---|---|---|---|---|
| | | | | | |
| | | | | | |
| | | | | | |
| | | | | | |
| | | | | | |
| | | | | | |

| 项目 5　智能制造系统各单元基本操作 | | 任务 14　数控机床基本操作 | |
|---|---|---|---|
| 姓名： | 班级： | 日期： | 实施页 1 |

## 工作实施

数控机床加工及工作过程如下。

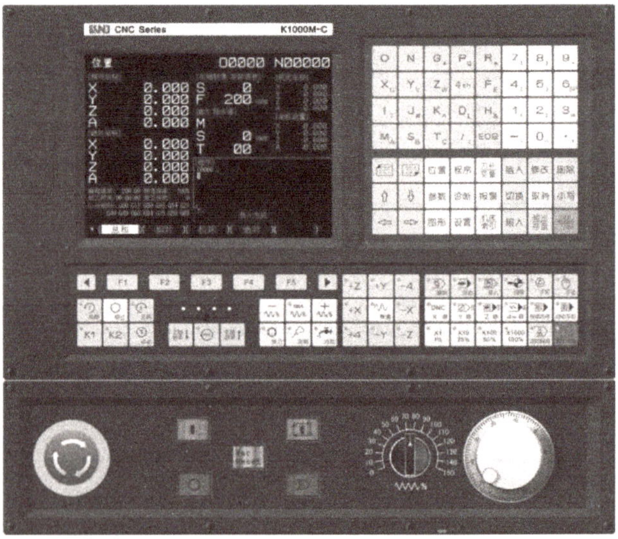


图 14-2　数控机床操作面板

### 1. 开机、回零

1）闭合电源开关。

2）数控机床操作面板如图 14-2 所示。按“机床零点”按钮，再按 +X、+Y、+Z 三键，待机床主轴运动到位，操作面板右上角的回零指示灯亮了才算完成回零操作。

3）按“手动”→“快速”按钮，再分别按 +X、+Y、+Z，移动主轴 / 工作台到合适位置。

4）安装刀具，装夹毛坯。

5）工业机器人进行上料。

### 2. 对刀

（1）*X* 轴对刀

起动主轴旋转，用手轮控制工作台，使工件慢慢地向刀具靠近，待刀具切到工件的左端面时，如图 14-3a 所示，记录 *X* 轴坐标值；抬刀，刀具再从另一边靠近并切到工件右端面时，如图 14-3b 所示，再记录此时 *X* 轴坐标值。通过计算，将 *X* 轴方向刀具补偿数值填入数控系统：在操作面板上按“设置”“X”按钮，X 灯亮，输入计算数值。完成 *X* 轴对刀。

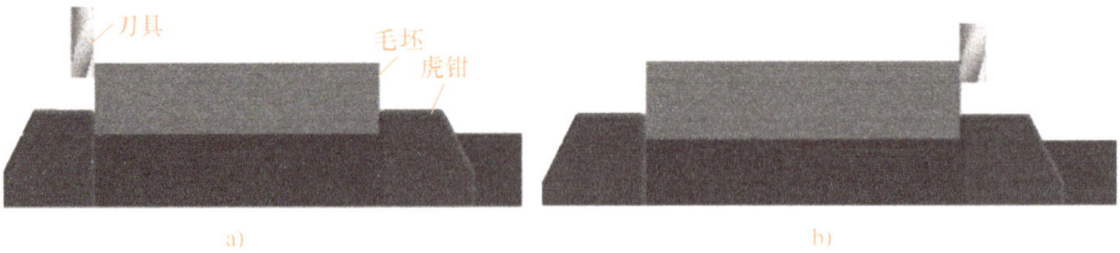


图 14-3　数控机床 *X* 轴方向对刀示意图

同理，完成 *Y* 轴对刀。

（2）*Z* 轴对刀

1）将刀具移至工件上方。

2）起动主轴旋转，移动工作台和主轴，让刀具移动到与工件上表面有一定距离的位置，然后慢速移动主轴，使刀具端面接近工件上表面。

3）刀具靠近工件时改用微调操作，一般用 0.01mm 步长让刀具端面慢慢接近工件表面，当刀具端面恰好碰到工件上表面时，记下此时机床坐标系中的 *z* 值，将其输入到数控系统中。

| 项目 5　智能制造系统各单元基本操作 | | 任务 14　数控机床基本操作 | |
|---|---|---|---|
| 姓名： | 班级： | 日期： | 实施页 2 |

4）抬刀，完成 Z 轴对刀。

**3. 程序调用**

按面板上“DNC →程序”，选择程序，传送到数控系统中。

**4. 物料加工**

按“自动”按钮，把进给倍率调到“0”，按控制面板上“循环启动”键，机床开始进行物料加工。

**5. 在线测量**

在线测量系统运行，探头按设定程序对加工工件进行测量，配合软件对测量结果综合评估。测量完成后，根据测量结果判断是否返修：若返修，重新启动程序进行加工；若不返修，加工完成。

**6. 机器人下料搬运**

机器人将测量完成的工件夹取，加工工装松开，工件被转运至信息识别台托盘上。

？引导问题 12：在数控机床操作过程中应注意哪些问题？

？引导问题 13：在回参考点时，出现超程现象怎么解决？

？引导问题 14：在加工过程中，由于用户编程、操作不当或产品故障等原因，可能会出现一些意想不到的结果，此时必须使系统立即停止工作。紧急情况下的操作具体有哪些？

？引导问题 15：出现对刀不准确的原因是什么？

**小提示**

安全操作注意事项：

1）要做到安全操作，文明生产，在操作中发现有错，应立即停车。

2）由于第一次对刀练习，对完刀对后，须由教师检查后才能运行程序。

3）首件加工时，要随时察看程序中实际的剩余距离与剩余坐标值是否相符。

4）为保证测量的准确性，最好是游标卡尺与千分尺配合使用。

5）对刀之前，机床应先回到参考点。

6）在手动（JOG）模式中，移动方向不能错，否则会损坏刀具和机床。

7）X、Y 与 Z 轴的对刀验证步骤分开进行，以防验证时因对刀失误造成刀具撞刀。

| 项目 5　智能制造系统各单元基本操作 | | 任务 14　数控机床基本操作 | |
|---|---|---|---|
| 姓名： | 班级： | 日期： | 检查页 |

## 检查验收

根据数控机床工作情况，按照验收标准对任务完成情况进行检查验收和评价，包括工艺质量、施工质量、回零、对刀等，并将验收问题及其整改措施、完成时间进行记录。验收标准及评分表见表 14-7，验收过程问题记录表见表 14-8。

表 14-7　验收标准及评分表

| 序号 | 验收项目 | 验收标准 | 分值 | 教师评分 | 备注 |
|---|---|---|---|---|---|
| 1 | 判别坐标方向 | 正确合理 | 6 | | |
| 2 | 刀具正确安装 | 正确合理 | 4 | | |
| 3 | 毛坯正确安装 | 正确合理 | 4 | | |
| 4 | 正确回零 | 正确合理 | 10 | | |
| 5 | 主轴转动 | 正确合理 | 6 | | |
| 6 | 手动换刀 | 正确合理 | 10 | | |
| 7 | 对刀 | 正确合理 | 12 | | |
| 8 | 手动移动 $X$、$Y$、$Z$ 轴 | 正确合理 | 10 | | |
| 9 | 手轮移动 $X$、$Y$、$Z$ 轴 | 正确合理 | 10 | | |
| 10 | 正确输入程序 | 正确合理 | 8 | | |
| 11 | 自动运行 | 正确合理 | 10 | | |
| 12 | 文明生产 | 每违反一项操作规程扣 3 分，发生事故，本次任务不及格 | | | |
| 13 | 操作时间 | 总时间 45min，每超 1min 扣 1 分 | 10 | | |
| 合计 | | | 100 | | |

表 14-8　验收过程问题记录表

| 序号 | 验收问题记录 | 整改措施 | 完成时间 | 备注 |
|---|---|---|---|---|
| | | | | |
| | | | | |
| | | | | |
| | | | | |
| | | | | |
| | | | | |

？引导问题 16：出现超程现象的原因是什么？

| 项目 5　智能制造系统各单元基本操作 | | 任务 14　数控机床基本操作 | |
|---|---|---|---|
| 姓名： | 班级： | 日期： | 评价页 |

## 评价反馈

各组展示任务完成情况，介绍任务的完成过程并提交阐述材料，进行学生自评、学生组内互评、教师评价，完成考核评价表（见表 14-9）。

？引导问题 17：在本次任务完成过程中，给你印象最深的是哪件事？自己的职业能力有哪些明显提高？

？引导问题 18：你对数控机床了解了多少？还想继续学习关于数控机床的哪些内容？

表 14-9　考核评价表

| 评价项目 | 评价内容 | 分值 | 自评 20% | 互评 20% | 教师评价 60% | 合计 |
|---|---|---|---|---|---|---|
| 职业素养 40 分 | 安全意识、责任意识、服从意识、爱岗敬业 | 10 | | | | |
| | 积极参加任务活动，按时完成工作页 | 10 | | | | |
| | 团队合作、交流沟通能力、集体主义精神 | 10 | | | | |
| | 劳动纪律、职业道德 | 5 | | | | |
| | 现场 6S 标准、行为规范 | 5 | | | | |
| 专业能力 60 分 | 专业资料检索能力 | 10 | | | | |
| | 制订计划能力，严谨认真 | 10 | | | | |
| | 操作符合规范，精益求精 | 15 | | | | |
| | 工作效率，分工协作 | 10 | | | | |
| | 任务验收质量 | 15 | | | | |
| 合计 | | 100 | | | | |
| 创新能力 加分 20 分 | 创新性思维和行动 | 20 | | | | |
| 总计 | | 120 | | | | |
| 教师签名： | | | 学生签名： | | | |

| 项目 5　智能制造系统各单元基本操作 | | 任务 14　数控机床基本操作 | |
|---|---|---|---|
| 姓名： | 班级： | 日期： | 知识页 |

## 相关知识点：K1000MC 数控铣床操作知识

### 一、数控铣床加工

数控铣床作为一种用途广泛的机床，可以加工平面（水平面、垂直面）、沟槽（键槽、T 形槽、燕尾槽等）、分齿零件（齿轮、花键轴、螺旋形表面）及各种曲面。此外，数控铣床还可用于回转体表面、内孔的加工，并能作切断加工。

### 二、数控铣床的分类

1. 按主轴布置形式分类

可分为立式数控铣床、卧式数控铣床及立卧两用式数控铣床等。

2. 按构造分类

可分为工作台升降式数控铣床、主轴头升降式数控铣床、龙门式数控铣床。

### 三、数控铣床的特点

### 四、数控铣床的组成

数控铣床由床身、立柱、主轴箱、工作台、滑鞍、滚珠丝杠、伺服电动机、伺服装置、数控系统等组成。

### 五、KND K1000MC 数控铣床操作

（一）机床面板

（二）手动操作

1. 回零操作

2. 对刀操作

3. 手动进给

4. 手轮进给

（三）自动运行

1. 存储器运行

2. MDI 运行

3. DNC 运行

（四）安全操作

1. 超程防护

2. 紧急操作

扫码看知识 14：

K1000MC 数控铣床操作知识

# 任务 15　工业机器人基本操作

| 项目 5　智能制造系统各单元基本操作 | | 任务 15　工业机器人基本操作 | |
|---|---|---|---|
| 姓名： | 班级： | 日期： | 任务页 1 |

## 学习任务描述

我国提出制造强国战略目标，是以体现信息技术与制造技术深度融合的数字化网络化智能制造为建设主攻方向。智能制造系统中物料搬运的主要执行机构之一是工业机器人。观看自主研发的活塞加工智能制造系统工作过程（案例），其中六轴工业机器人起到搬运、上下料功能，机器人更换托盘快换夹具上料，将托盘及毛坯件送至小型加工中心，完成后下料检测并将成品搬运至中转站。本次学习任务要求利用示教器正确完成机器人坐标系设定、单轴运动及线性运动，实现物料的定点搬运，为后续工业机器人复杂的动作做好技术准备。

## 学习目标

1）通过信息查询获得工业机器人坐标系的相关知识。

2）查阅技术资料，熟悉工业机器人示教器的简单操作。

3）通过小组合作，制订物料定点搬运工作计划。

4）在教师指导下，根据任务要求完成物料定点搬运的具体操作。

5）小组进行施工检查验收，解决工业机器人物料定点搬运中存在的问题，注重过程性评价，注重安全、节约、环保意识的养成，注重综合素养的培养和提升。

6）培养精益求精的工匠精神和团队互助的合作意识。

## 任务书

在活塞加工智能制造系统中，请使用六轴工业机器人，完成将物料从中转位 A 搬运至位置 B。物料搬运及六轴机器人示意图如图 15-1 所示。

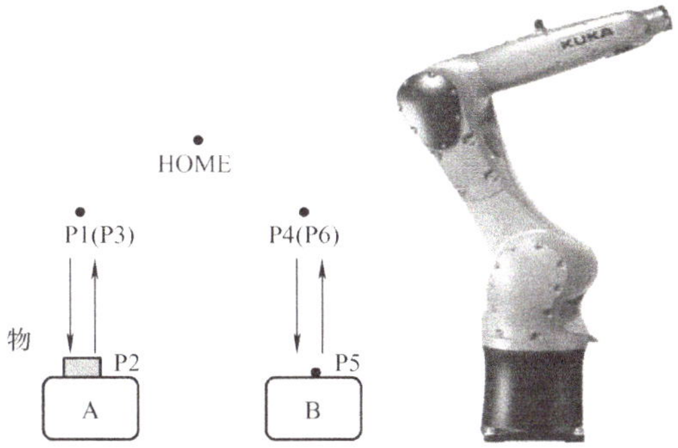


图 15-1　物料搬运及六轴机器人示意图

| 项目 5 智能制造系统各单元基本操作 | | 任务 15 工业机器人基本操作 | |
|---|---|---|---|
| 姓名： | 班级： | 日期： | 任务页 2 |

## 任务分组

将班级学生分组，可 4 ～ 8 人为一组，轮值安排组长，使每个人都有锻炼组织协调能力与管理能力的机会。各组任务可以相同或不同，明确每组的人员和任务分工，注意培养团队协作能力。学生任务分组表见表 15-1。

表 15-1 学生任务分组表

| 班级 | | 组号 | | 任务 | |
|---|---|---|---|---|---|
| 组长 | | 时间段 | | 指导教师 | |
| 姓名 | 学号 | 任务分工 | | | 备注 |
| | | | | | |
| | | | | | |
| | | | | | |
| | | | | | |
| | | | | | |
| | | | | | |
| | | | | | |
| | | | | | |

| 项目 5　智能制造系统各单元基本操作 | | 任务 15　工业机器人基本操作 | |
|---|---|---|---|
| 姓名： | 班级： | 日期： | 信息页 |

## 获取信息

？引导问题 1：自主学习 KUKA 机器人 KR6 _ R900 示教器的基本使用方法。

？引导问题 2：查阅资料，理解坐标系的分类、作用，掌握控制柜操作面板的使用及功能。

？引导问题 3：工业机器人坐标系主要包括：世界坐标、________、________、________、________共 5 种。

？引导问题 4：工业机器人各种坐标系的使用场合分别是什么？

？引导问题 5：指出智能制造系统中 KRC4 compact 控制柜操作面板（图 15-2）的接口、按钮及其主要功能。

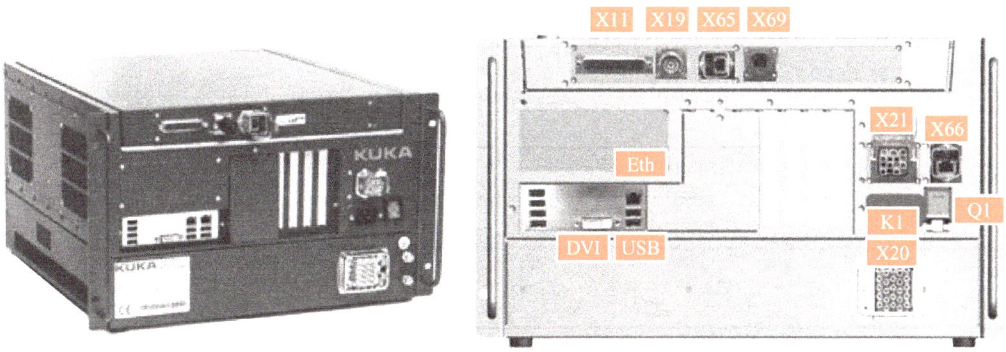


图 15-2　KRC4 compact 控制柜操作面板

？引导问题 6：示教器有哪些按键？操作界面常用的选项有哪些？

？引导问题 7：简述工业机器人的开、关机操作。紧急停止后应如何恢复？

？引导问题 8：简述示教器的安全操作方法。

？引导问题 9：工业机器人的运行模式有哪几种？选择依据是什么？应如何进行切换？

？引导问题 10：设置程序倍率和手动倍率的方法分别有几种？具体操作步骤是什么？

？引导问题 11：机器人的运动指令有哪些？各有什么特点？

？引导问题 12：机器人操作过程中有哪些安全注意事项？

？引导问题 13：画出工业机器人搬运物料流程框图。

### 小提示

由于示教器出厂时默认的显示语言为英语，将示教器的显示语言设定为中文既方便又能满足日常操作的需求。在进行各种操作之前，先将机器人的系统时间设定为本地时区的时间，以方便进行文件管理和故障查阅。使用示教器进行的所有参数设置和基础操作，都需在手动运行模式下进行，否则会出现“无法操作”的提示。

| 项目 5　智能制造系统各单元基本操作 | | 任务 15　工业机器人基本操作 | |
|---|---|---|---|
| 姓名： | 班级： | 日期： | 计划页 |

## 工作计划

按照任务书要求和获取的信息，制订利用六轴工业机器人完成从物料中转位 A 将物料搬运至位置 B 的工作方案，包括器件、材料、工具准备，工艺流程安排，检查调试等工作内容和步骤，完成机器人搬运工作方案，材料、工具、器件清单两个表格。机器人搬运工作方案见表 15-2，材料、工具、器件计划清单见表 15-3。

表 15-2　机器人搬运工作方案

| 步骤 | 工作内容 | 负责人 |
|---|---|---|
| | | |
| | | |
| | | |
| | | |
| | | |

表 15-3　材料、工具、器件计划清单

| 序号 | 名称 | 型号和规格 | 单位 | 数量 | 备注 |
|---|---|---|---|---|---|
| | | | | | |
| | | | | | |
| | | | | | |
| | | | | | |
| | | | | | |

### 小提示

KUKA 机器人如果不使用驱动能量移动机械手，则可能损坏相关轴的电动机制动器。如果制动器受损，则必须更换电动机。因此，仅在紧急情况（如解救受困人员等）下，才允许不使用驱动能量移动机械手。

为了在发生事故或故障后不使用驱动能量移动机械手，可使用如下方法：

1）自由旋转装置。自由旋转装置可用于基轴驱动电动机，视机器人类型的不同也可用于手动轴驱动电动机。

2）制动器打开装置。制动器打开装置用于无法接近其电动机的机器人类型。

3）直接用手移动手轴。对于低负荷级变型，没有为手轴配备自由旋转装置。由于可直接手动运动手轴，所以无须使用该装置。

| 项目 5　智能制造系统各单元基本操作 | | 任务 15　工业机器人基本操作 | |
|---|---|---|---|
| 姓名： | 班级： | 日期： | 决策页 |

## 进行决策

对不同组员（或不同组别）的工作计划进行选材、工艺、施工方案的对比、分析、论证，整合完善，形成小组决策，作为工作实施的依据。计划对比分析见表 15-4，机器人搬运决策方案见表 15-5，材料、工具、器件最终清单见表 15-6。

表 15-4　计划对比分析

| 组员 | 计划中的优点 | 计划中的缺陷 | 优化方案 |
|---|---|---|---|
| | | | |
| | | | |
| | | | |
| | | | |
| | | | |

表 15-5　机器人搬运决策方案

| 步骤名称 | 工作内容 | 负责人 |
|---|---|---|
| | | |
| | | |
| | | |
| | | |
| | | |
| | | |

表 15-6　材料、工具、器件最终清单

| 序号 | 名称 | 型号和规格 | 单位 | 数量 | 备注 |
|---|---|---|---|---|---|
| | | | | | |
| | | | | | |
| | | | | | |
| | | | | | |
| | | | | | |
| | | | | | |

？引导问题 14：在机器人操作过程中，除了 LIN、PTP 指令外，还有哪些运动指令？它们各有什么特点？

| 项目 5 智能制造系统各单元基本操作 | | 任务 15 工业机器人基本操作 | |
|---|---|---|---|
| 姓名： | 班级： | 日期： | 实施页 1 |

## 工作实施

在搬运过程中，机器人工作轨迹路径为 HOME 点 –P1–P2–P3–P4–P5–P6–HOME 点。即机器人以 HOME 点为起始点，保持工具手爪打开状态，经过位置 A 上方安全点 P1 点，运动到 P2 点，闭合工具手爪抓取物料，待夹紧物料后，离开 P2 点，回到安全点 P3 点（与 P1 点在同一个位置）；经由位置 B 上方安全点 P4 点，运动到 P5 点，松开手爪，放下物料，待物料完全放下后，离开 P5 点，回到安全点 P6 点（与 P4 点在同一个位置），最后返回至 HOME 点。

### 一、若无程序文件，按以下步骤实施工业机器人搬运物料

#### 1. 新建程序

1）在示教器主界面（如何进入主界面，见小提示）选择“R1”文件夹，选中其中“Program”文件，单击示教器左下方的“新”按钮，建立一个新文件夹，用虚拟键盘输入名称“banyun”，并单击右下方的“OK”按钮。

2）单击“新”按钮，默认生成“模块”类型程序，通过虚拟按键输入程序模块名称“banyunAtoB”，然后单击右下方的“OK”按钮。

3）单击“打开”按钮，进入程序编辑器，在程序编辑器窗口中默认有三行代码，分别为 INT 以及两行 PTP HOME 指令（其中 HOME 点是可设置的机器人原点位置），通常推荐将 PTP HOME 指令作为程序的第一及最后一个指令。

#### 2. 手动示教

1）单击示教器 smartHMI 面板右侧栏上的“状态显示运行键”（图 15-5 中按键 6），切换为“全局”坐标系。使用设定手动倍数按键（图 15-3 中按键 7），将手动速度调至 30。

2）取料前，工具手爪应处于打开状态。在到达 P1 点之前，添加逻辑指令使工具手爪打开。单击左下方的“指令”按钮，选择“逻辑”一栏，添加指令“OUT”，设置参数 State 为“FALSE”。

3）按下 smartPAD 面板背面使能键（图 15-4 中按键 3 或 5），同时按住移动键（图 15-3 中按键 5），将其 TCP 移动到位置 A 上方安全点 P1 点。

4）到达 P1 点后，单击左下方的“指令”按钮，选择“运动”一栏，添加指令“PTP”，出现 PTP 指令联机表单，在表单中将速度参数（Vel）设置为“30”（%），单击右下方的“指令 OK”按钮，完成指令的创建。

5）手动操作机器人，将其 TCP 移动到位置 A(P2 点）。添加指令“LIN”，将速度参数设定为“0.5”(m/s)，单击“指令 OK”按钮，完成指令的创建。

6）在 P2 点，工具手爪须处于闭合状态夹取物料，添加逻辑指令“OUT”，使输出信号为“TURE”，以闭合手爪。

7）从 P2 点运动到 P3 点之前，工具手爪须完成闭合工作。添加逻辑指令“WAIT”，设置参数 Time 为“0.5”(s)，使工具手爪离开 P2 点之前有充足的时间夹紧物料。

| 项目 5　智能制造系统各单元基本操作 | | 任务 15　工业机器人基本操作 | |
|---|---|---|---|
| 姓名： | 班级： | 日期： | 实施页 2 |

8）手动操作机器人，将其 TCP 移动到位置 A 上方安全点 P3 点。添加指令“LIN”，将速度参数设定为“0.5”(m/s)，单击“指令 OK”按钮，完成指令的创建。

9）手动操作机器人，将其 TCP 移动到位置 B 上方安全点 P4 点。添加指令“PTP”，将速度参数设定为“30”(%)，单击“指令 OK”按钮，完成指令的创建。

10）手动操作机器人，将其 TCP 移动到位置 B（P5 点）。添加指令“LIN”，将速度参数设定为“0.5”(m/s)，单击“指令 OK”按钮，完成指令的创建。

11）到达 P5 点后，工具手爪须处于打开状态来放下物料，添加逻辑指令“OUT”，使输出信号为“FALSE”，以松开手爪。

12）从 P5 点运动到 P6 点之前，工具手爪须完成松开工作。添加逻辑指令“WAIT”，设置参数 Time 为“0.5”(s)，使工具离开 P5 点之前有充足的时间放下物料。

13）手动操作机器人，将其 TCP 移动到位置 B 上方的安全点 P6 点。添加指令“LIN”，将速度参数设定为“0.5”(m/s)，单击“指令 OK”按钮，完成指令的创建。

14）至此，搬运程序的编辑完成，单击关闭图标，程序自动保存。

**3. 测试运行**

1）在主界面选中程序模块，单击左下方“选定”按钮进入程序。

2）使用设定程序倍数按键（图 15-3 中按键 6），调节程序速度为“30”。

3）在 T1 模式下，按住使能键（图 15-4 中按键 1、3 或 5）的同时按住启动键（图 15-3 中按键 10），执行程序，执行完最后一行后，选择复位程序（小提示 6）。

4）切换为 AUT 模式。在示教器 smartPAD 上转动连接管理器的开关，在 smartHMI 上选择“AUT”，再次转回初始位置，完成模式切换。

5）在 AUT 运行模式下，按住使能键的同时按住启动键，运行程序至“已达 BCO”，再次按启动键可自动运行（此时无须再按使能键），运行过程中按暂停键可停止程序。

## 二、若已有程序文件，按以下步骤实施工业机器人搬运物料

**1. 打开文件**

选中程序模块，单击左下方“选定”按钮打开文件。

**2. 更改位置数据**

1）设置运行方式 T1，将光标置于要改变的指令行里。

2）将机器人移到所需的位置。

3）单击左下角“更改”按钮，指令相关的联机表单自动打开。

4）对于 SPTP 和 SLIN 运动，按下“Touchup（修整）”键，以便确认 TCP 的当前位置为新的目标点；对于 SCIRC 运动，按“Touchup HP（修整辅助点）”键，以便确认 TCP 的当前位置为新的辅助点，或者按“Touchup ZP（修整目标点）”键，以便确认 TCP 的当前位置为新的目标点。

5）单击“是”按钮确认安全询问，单击“指令 OK”按钮保存变更。

| 项目 5　智能制造系统各单元基本操作 | | 任务 15　工业机器人基本操作 | |
|---|---|---|---|
| 姓名： | 班级： | 日期： | 实施页 3 |

3. 删除程序行

1）用光标选定待删除的程序行。

2）菜单路径：编辑软键→删除。

4. 插入程序行

1）用光标选定现有的程序行。

2）添加指令，默认在选定行后插入，后续程序行向后移动一行。

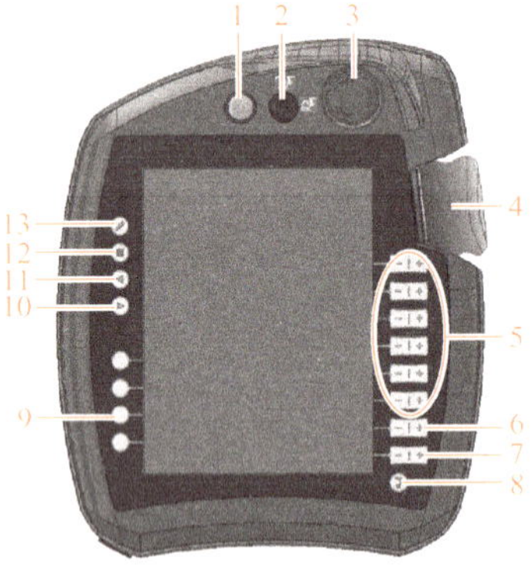


图 15-3　smartPAD 正面

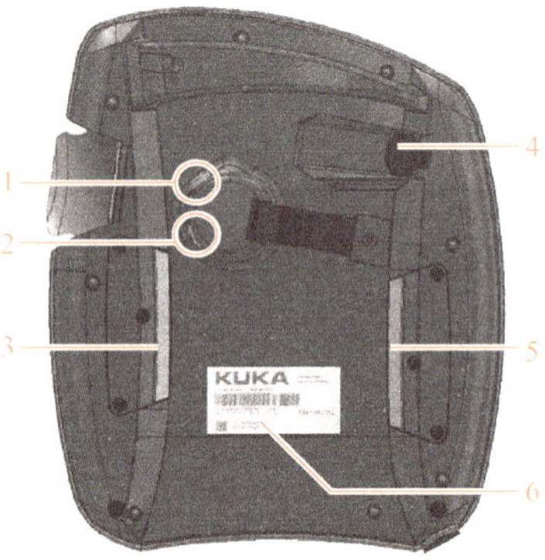


图 15-4　smartPAD 背面

图 15-3 和图 15-4 的说明分别见知识页二维码内容中表 15-10 和表 15-11。

小提示

1）单击图 15-5 左上方的主菜单键，单击主菜单窗口上面的区域图标，可回到示教器主界面。

2）确认开关有 3 个挡位，未按下、中间位置、完全按下，在运行方式 T1 或 T2 下，保持在中间位置才能起动机器人。

3）示教器出厂默认语种为英文，把语言设置为中文的步骤如下：单击示教器左上角的“机器人”图标，进入主页面；选择“Configuration”，进入下拉菜单；选择“Miscellaneous”命令进入下拉菜单，并选择“Language”命令；进入语言选择界面后，选择“中文（中华人民共和国）”，单击“OK”按钮，即完成了语言设置。

4）超出工作空间后，坐标系改为轴坐标系，分别将各轴移动至安全点。

5）机器人以“选定”方式打开程序，才能运行；使用“打开”方式，只可编辑程序。

6）程序被选定时，在状态栏中触摸机器人解释器按键（图 15-6 中按键 6），可选择“程序复位”或“取消程序”。

7）建议程序 / 手动倍速在 30% 以下，同时指令中运动速度在 30% 或 0.5m/s 内。

8）首次执行自动运行测试时，将手掌放在“紧急停止”按钮上，随时准备按下，避免发生意外。

| 项目 5　智能制造系统各单元基本操作 | | 任务 15　工业机器人基本操作 | |
|---|---|---|---|
| 姓名： | 班级： | 日期： | 实施页 4 |

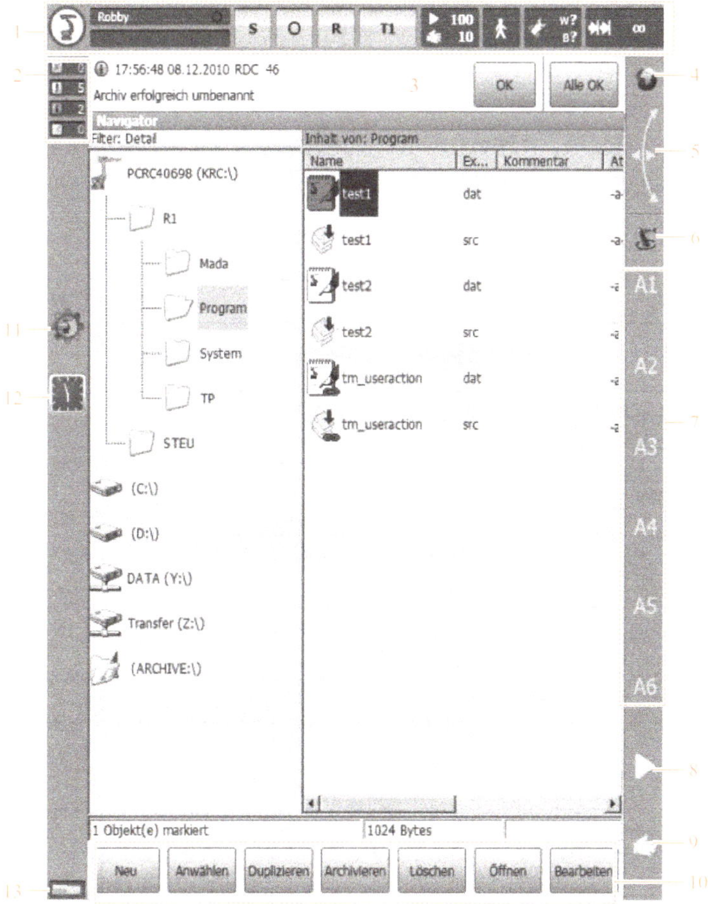

图 15-5　smartHMI 界面

图 15-5 所示 smartHMI 操作界面的功能说明见知识页二维码。

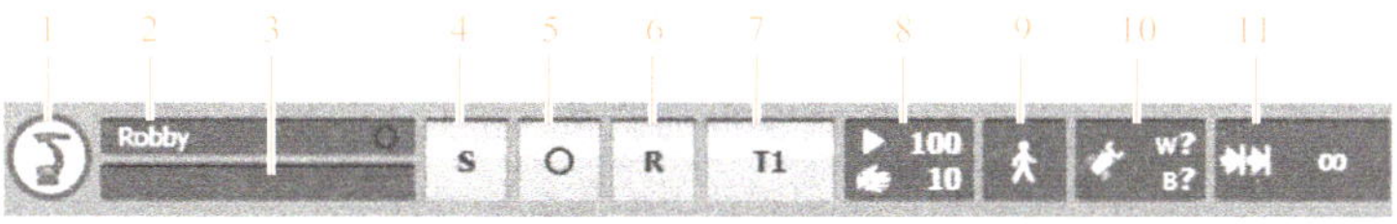

图 15-6　smartHMI 状态栏

图 15-6 所示 smartHMI 操作界面状态栏功能说明见知识页二维码。

? 引导问题 15：在机器人操作过程中，遇到了哪些计划中没有考虑到的问题？是如何解决的？

| 项目 5 智能制造系统各单元基本操作 | | 任务 15 工业机器人基本操作 | |
|---|---|---|---|
| 姓名： | 班级： | 日期： | 检查页 |

## 检查验收

根据工作情况，按照验收标准对任务完成情况进行检查验收和评价，包括工艺质量、施工质量、机器人运动稳定性和定位准确性等，并将验收问题及其整改措施、完成时间进行记录。验收标准及评分表见表 15-7，验收过程问题记录表见表 15-8。

表 15-7 验收标准及评分表

| 序号 | 验收项目 | 验收标准 | 分值 | 教师评分 | 备注 |
|---|---|---|---|---|---|
| 1 | 新建程序 | 完成文件夹和程序模块的建立 | 10 | | |
| 2 | 选择示教器运动键坐标系 | 完成机器人运行键从轴坐标系切换到世界坐标系 | 20 | | |
| 3 | 机器人运动控制 | 完成机器人手爪从 HOME 点到 A 点的运动 | 20 | | |
| 4 | 抓取物料 | 完成使用机器人手爪抓取物料离开桌面，并保持 3s | 20 | | |
| 5 | 搬运物料 | 完成机器人从 A 点抓取物料放置到 B 点的过程，中间不能掉落 | 30 | | |
| 合计 | | | 100 | | |

表 15-8 验收过程问题记录表

| 序号 | 验收问题记录 | 整改措施 | 完成时间 | 备注 |
|---|---|---|---|---|
| | | | | |
| | | | | |
| | | | | |
| | | | | |
| | | | | |

？引导问题 16：若出现机器人运动超出工作空间的错误，应如何调整？

？引导问题 17：若机器人在抓取物料时出现掉落，应怎么解决？

| 项目 5　智能制造系统各单元基本操作 | | 任务 15　工业机器人基本操作 | |
|---|---|---|---|
| 姓名： | 班级： | 日期： | 评价页 |

## 评价反馈

各组展示任务完成情况，介绍任务的完成过程并提交阐述材料，进行学生自评、学生组内互评、教师评价，完成考核评价表（见表 15-9）。

？引导问题 18：在本次任务完成过程中，给你感触最深的是哪件事？

？引导问题 19：你对工业机器人了解了多少？还想继续学习哪些内容？

？引导问题 20：本次任务以 KUKA 机器人为载体进行，你对国产机器人有什么期待？

表 15-9　考核评价表

| 评价项目 | 评价内容 | 分值 | 自评 20% | 互评 20% | 教师评价 60% | 合计 |
|---|---|---|---|---|---|---|
| 职业素养 40 分 | 爱岗敬业、安全意识、责任意识、服从意识 | 10 | | | | |
| | 积极参加任务活动，按时完成工作页 | 10 | | | | |
| | 团队合作、交流沟通能力 | 10 | | | | |
| | 劳动纪律、环保意识、节约意识 | 5 | | | | |
| | 职业道德、现场 6S 标准 | 5 | | | | |
| 专业能力 60 分 | 专业资料检索能力，中外品牌分析能力 | 10 | | | | |
| | 制订计划能力，严谨认真 | 10 | | | | |
| | 操作符合规范，精益求精 | 15 | | | | |
| | 工作效率，分工协作 | 10 | | | | |
| | 任务验收质量，质量意识 | 15 | | | | |
| 合计 | | 100 | | | | |
| 创新能力加分 20 分 | 创新性思维和行动 | 20 | | | | |
| 总计 | | 120 | | | | |
| 教师签名： | | | 学生签名： | | | |

| 项目 5　智能制造系统各单元基本操作 | | 任务 15　工业机器人基本操作 | |
|---|---|---|---|
| 姓名： | 班级： | 日期： | 知识页 |

## 相关知识点：工业机器人操作基础知识

### 一、smartPAD 面板介绍

### 二、坐标系种类及应用

坐标系是从一个称为原点的固定点通过轴定义平面或空间。在对工业机器人进行操作、编程和调试时，机器人的坐标系具有重要意义，机器人所有运动需要通过沿坐标系轴的测量来定位目标位置，在 KUKA 机器人控制系统中定义了下列坐标系。

1. ROBROOT 坐标系（机器人的足部坐标系）
2. WORLD 坐标系（世界坐标系）
3. BASE 坐标系（基础坐标系）
4. TOOL 坐标系（工具坐标系）

### 三、基本编程指令

**1. 点到点运动方式**（PTP）

机器人沿最快的轨道将 TCP 引至目标点，一般情况下最快的轨道并不是最短的轨道，也就是说并非直线，因为机器人轴进行回转运动，所以曲线轨道比直线轨道运行更快，所有轴的运动同时开始和停止，因此无法事先知道精确的运动过程。

**2. 线性运动方式**（LIN）

机器人沿一条直线以定义的速度将 TCP 引至目标点，即在线性运动过程中，机器人的转轴之间将进行配合，使得工具及工件参照点沿着一条通往目标点的直线运动。如果按照给定的速度沿着某条精确的轨迹抵达某些点时，或者存在对撞的危险而不能以 PTP 的方式抵达某些点时，将采用线性运动。

**扫码看知识 15：**

工业机器人操作基础知识

**扫码看视频 7：**

工业机器人示教器编程

# 任务 16　PLC 软件安装与基本指令编程

| 项目 5　智能制造系统各单元基本操作 | | 任务 16　PLC 软件安装与基本指令编程 | |
|---|---|---|---|
| 姓名： | 班级： | 日期： | 任务页 1 |

## 学习任务描述

了解西门子 PLC 的 TIA Portal（博途）软件的特点、应用环境、安装注意事项、应用场景等，本次学习任务要求通过 TIA Portal 软件完成“智能仓储站”项目的 PLC 硬件组态及编程，按照工艺完成系统自动化控制。

## 学习目标

1）通过信息查询了解关于 TIA Portal 软件的应用环境与场合，了解国产与国外编程软件的发展历史，学习先进技术，努力推广优秀国产品牌，培养自主创新的意识。

2）根据技术资料理解 TIA Portal 软件的安装注意事项，培养认真细致的学习能力。

3）在教师指导下，学习软件的功能与使用环境。

4）通过小组协作，培养团队协作精神，制订“智能仓储站”项目实施方案。

5）完成系统的硬件配置，培养严谨细致的工作态度。

6）完成系统简单编程与调试，培养精益求精的工作态度。

7）小组进行施工检查验收，解决硬件配置与软件编程存在的问题，培养团队协作意识，具备独立认真思考、精益求精、解决问题的能力。

## 任务书

以“智能仓储站”硬件组态为例，项目已经确定硬件 CPU 选型：CPU 6ES7 214-1AG40-0XB0（100 KB 工作存储器；DC 24V 电源，板载 DI14 × DC 24V 漏型 / 源型，DQ10 × DC 24V 和 AI2；板载 6 个高速计数器和 4 路脉冲输出；信号板扩展板载 I/O ；多达 3 个用于串行通信的通信模块；多达 8 个用于 I/O 扩展的信号模块；0.04ms/1000 条指令；PROFINET 接口，用于编程、HMI 及 PLC 间的数据通信）。

选定 I/O 扩展模块及通信接口：DI16 × DC 24V 和 DI 8 × DC 24V/DQ 8 × Relay 扩展模块和通信模块 6ES7241-1CH30-1XB0。

要求利用 TIA Portal 编程软件完成项目的硬件组态，包含主 CPU 选择，添加 I/O 模块和信号板，设定 PLC 的 IP 地址，启用“系统和时钟存储器”，启用“允许来自远程对象的 PUT/GET 通信访问”等；在软件编程过程中，简单了解主要编程指令，规划变量，编写程序，学会下载调试，完成系统调试。

| 项目 5 智能制造系统各单元基本操作 | | 任务 16 PLC 软件安装与基本指令编程 | |
|---|---|---|---|
| 姓名： | 班级： | 日期： | 任务页 2 |

## 任务分组

将班级学生分组，可 5 ～ 7 人为一组，轮值安排组长。使每个人都有组织协调和管理能力的锻炼机会，培养责任意识、服务意识、组织协调管理能力，各组任务可以相同或不同，明确每组的人员和任务分工，培养团队协作精神。学生任务分组表见表 16-1。

表 16-1 学生任务分组表

| 班级 | | 组号 | | 任务 | |
|---|---|---|---|---|---|
| 组长 | | 时间段 | | 指导教师 | |
| 姓名 | 学号 | 任务分工 | | | 备注 |
| | | | | | |
| | | | | | |
| | | | | | |
| | | | | | |
| | | | | | |
| | | | | | |
| | | | | | |
| | | | | | |

| 项目 5　智能制造系统各单元基本操作 | | 任务 16　PLC 软件安装与基本指令编程 | |
|---|---|---|---|
| 姓名： | 班级： | 日期： | 信息页 |

## 获取信息

？引导问题 1：自主学习 TIA Portal 发展历史、应用环境与场合，了解 PLC 编程软件的发展历史及我国 PLC 发展现状。

？引导问题 2：查阅资料，了解 TIA Portal 编程软件的安装注意事项。

？引导问题 3：TIA Portal 编程软件支持的四种 PLC 分别是：S7–1200、________、________、________。

？引导问题 4：TIA Portal 软件支持哪些 HMI，通信协议有哪些？

？引导问题 5：TIA Portal 软件硬件的组态步骤有哪些？观察地址分配，查看版本信息。

？引导问题 6：TIA Portal 软件基本编程指令有哪些？如何编译及查错？

？引导问题 7：了解 TIA Portal 软件与硬件通信设置。

？引导问题 8：S7–1200 CPU、I/O 扩展模块如何根据项目需求选型？

？引导问题 9：CPU 与扩展模块是如何连接的？

？引导问题 10：查询资料，写出通信、下载及编程步骤。

？引导问题 11：学会利用 TIA Portal 软件帮助查找文件。

### 小提示

1. TIA Portal 博途软件安装选择路径：以英文路径命名。若出现中文路径，则会出现各种未知的问题。

2. 博途软件实现 PLC 项目工作的基本步骤如下：

1）根据项目大小、项目规划确定硬件。

① 确定主机架，机架上模块种类、数量，I/O 卡件类型，供电模块。

② 是否含有远程站，确定远程机架上模块的种类、数量，I/O 卡件类型，供电模块。

③ 确定通信接口种类、数量，第三方通信接口配置。

④ 分配硬件参数、IP 地址、从站地址等。

2）确定硬件规划之后，在 TIA Portal 软件项目树中配置硬件结构，完成硬件参数配置。

3）检查编译无误后，下载进入 CPU 中，测试主站、从站通信，I/O 通信，输入 / 输出卡件测试。这样出厂就可以确定硬件本身及通信网络是准确无误的，方便现场调试，简化工作量，也为接下来用户程序组态打下了坚实的基础。

| 项目 5　智能制造系统各单元基本操作 | | 任务 16　PLC 软件安装与基本指令编程 | |
|---|---|---|---|
| 姓名： | 班级： | 日期： | 计划页 |

## 工作计划

按照任务书要求和获取的信息，制订 S7-1200CPU、I/O 扩展模块、通信接口的组态安装计划。学习利用 TIA Portal 软件新建项目，了解软件的常用功能，完成硬件的框架搭建方法，了解各模块的特性及订货号、地址分配等特性；学习基本指令的应用，完成基本编程调试、通信设置、下载调试等。

对不同组员的工作计划进行选型、施工方案的分析、讨论整合完善，形成小组决策，作为工作实施的依据。

包括硬件选型、工具准备、软件了解熟悉、PLC 编程组态、检查调试等工作内容和步骤，制定工作方案，完成项目选用材料、使用工具、器件清单表格。利用 TIA Portal 软件实现“智能仓储站”项目系统设置工作计划方案见表 16-2，材料、工具、器件计划清单见表 16-3。

表 16-2　系统设置工作计划方案

| 步骤 | 工作内容 | 负责人 |
|---|---|---|
| | | |
| | | |
| | | |
| | | |
| | | |
| | | |
| | | |

表 16-3　材料、工具、器件计划清单

| 序号 | 名称 | 型号和规格 | 单位 | 数量 | 备注 |
|---|---|---|---|---|---|
| | | | | | |
| | | | | | |
| | | | | | |
| | | | | | |
| | | | | | |
| | | | | | |
| | | | | | |

| 项目 5　智能制造系统各单元基本操作 | | 任务 16　PLC 软件安装与基本指令编程 | |
|---|---|---|---|
| 姓名： | 班级： | 日期： | 决策页 |

## 进行决策

由不同组员（或不同组别）对工作计划、施工方案进行对比、分析、论证，整合完善，形成小组决策，作为工作实施的依据。系统设置工作决策方案见表 16-4，材料、工具、器件最终清单见表 16-5。

表 16-4　系统设置工作决策方案

| 步骤名称 | 工作内容 | 负责人 |
|---|---|---|
| | | |
| | | |
| | | |
| | | |
| | | |
| | | |

表 16-5　材料、工具、器件最终清单

| 序号 | 名称 | 型号和规格 | 单位 | 数量 | 备注 |
|---|---|---|---|---|---|
| | | | | | |
| | | | | | |
| | | | | | |
| | | | | | |
| | | | | | |
| | | | | | |

| 项目 5　智能制造系统各单元基本操作 | | 任务 16　PLC 软件安装与基本指令编程 | |
|---|---|---|---|
| 姓名： | 班级： | 日期： | 实施页 1 |

## 工作实施

### 1. 博途软件安装及调试

博途软件安装及调试参见本任务知识页。

### 2. 智能仓储站硬件组态

（1）选型与组装

1）确定系统 PLC、I/O 扩展模块及通信接口等硬件选型与安装，保证模块接插正确，电源等级与正、负极连接正确可靠。

2）送电前，按照图样检查电路连接是否正确，接线应无短接、错接，电源正确。

3）送电后，检查电源电压、信号是否正确。

（2）程序编写

1）以“智能仓储站”为例，建立工程项目。

2）搭建 CPU、I/O 扩展模块及通信接口，构建设备与网络的硬件组态。

3）搭建硬件组态项目，利用基本指令编写一个“起 – 保 – 停”电路控制程序。

4）仿真下载调试。

下载实际 PLC，完成系统实际下载及调试。

？引导问题 12：检查电源连接有哪些安全注意事项？

？引导问题 13：如何对照电路图，检查接线是否正确？遇到了哪些计划中没有考虑到的问题？是如何解决的？

？引导问题 14：如何检查有无短路？

？引导问题 15：送电后，手动模拟各输入信号，观察 PLC 信号指示灯是否显示正确，如何通过软件监控输入 / 输出信号？

| 项目 5　智能制造系统各单元基本操作 | | 任务 16　PLC 软件安装与基本指令编程 | |
|---|---|---|---|
| 姓名： | 班级： | 日期： | 实施页 2 |

？引导问题 16：硬件链接地址与编程软件地址对应表格是什么？

？引导问题 17：若调试过程中出现起动、停止信号线接反，不调整接线，应如何修改程序？

？引导问题 18：调试过程中，如果传感器指示灯不亮，但 PLC 可接收到信号，是否影响项目工作？

**小提示**

**1. 硬件的组态**

设备组态是对硬件、网络、设备等进行参数配置。

设备组态（configuring）的任务就是在设备和网络编辑器中生成一个与实际硬件系统对应的模拟系统，包括系统中的设备（PLC 和 HMI），PLC 各模块的型号、订货号和版本。

模块的安装位置和设备之间的通信连接，都应与实际硬件系统完全相同。此外，还应设置模块的参数，即给参数赋值，或称为参数化。步骤：

1）组态硬件设备：双击项目树中的“添加新设备”，组态 PLC、HMI 等设备。

2）网络组态：在“ Portal 视图”中选择“组态网络”项，或在“项目视图”工作区的右上角选择“网络视图”，组态分布式 I/O 设备、联网设备、建立网络连接等。

**2. 用户程序**

用户程序可由一个或多个块组成，至少使用一个组织块。块包含处理特定自动化任务所需的全部功能。程序的任务包括：

1）处理过程数据。例如，链接二进制信号，读入并利用模拟量，定义输出的二进制信号及输出模拟值。

2）中断响应。例如，超出模拟扩展模块测量范围时的诊断错误中断。

3）正常程序执行中的错误处理。

**3. 组织块功能**

组织块（OB）用于构成 PLC 操作系统与用户程序之间的接口。组织块由操作系统调用，并控制下列操作：

1）自动化系统的启动。

2）循环程序的执行。

3）基于中断的程序执行。

4）错误处理。

自动化项目中须至少有一个程序循环 OB。确定 PLC 行为的程序被写入此程序循环 OB 中。操作系统每个循环调用该 OB 一次，从而开始执行 OB 中包含的程序。每次程序执行结束后，重新开始循环。

| 项目 5　智能制造系统各单元基本操作 | | 任务 16　PLC 软件安装与基本指令编程 | |
|---|---|---|---|
| 姓名： | 班级： | 日期： | 检查页 |

## 检查验收

以“智能仓储站”为例，通过对 TIA Portal 软件的了解与应用，完成项目硬件电路的安装与接线检查；通过编程软件完成项目的设备与网络的组态，PLC 的编程、下载与调试。按照验收标准对任务完成情况进行检查验收和评价，包括硬件电源检查与硬件接线连接检查、施工质量、编程调试等，并将验收问题及其整改措施、完成时间进行记录。验收标准及评分表见表 16-6，验收过程问题记录表见表 16-7。

表 16-6　验收标准及评分表

| 序号 | 验收项目 | 验收 | 分值 | 教师评分 | 备注 |
|---|---|---|---|---|---|
| 1 | 项目工作内容与方案 | 工作内容考虑细致，方案合理可行，团队协作 | 15 | | |
| 2 | 电源连接正确 | 电源电压连接正确，无短路，有安全意识 | 10 | | |
| 3 | 硬件接线正确 | 按图接线，无短路，走线规范，有规范意识 | 10 | | |
| 4 | 软件的设备与网络设置 | 网络设置正确，硬件组态无错误，严谨细致 | 15 | | |
| 5 | PLC 编程调试 | 编程合理，正确，功能正常，认真严谨 | 30 | | |
| 6 | 问题梳理 | 对出现的问题分析判断，解决合理，精益求精 | 20 | | |
| 合计 | | | 100 | | |

表 16-7　验收过程问题记录表

| 序号 | 验收问题记录 | 整改措施 | 完成时间 | 备注 |
|---|---|---|---|---|
| | | | | |
| | | | | |
| | | | | |
| | | | | |
| | | | | |

### 小提示

学会利用 TIA Portal 软件在线监控功能查找出现的问题。

| 项目 5　智能制造系统各单元基本操作 | | 任务 16　PLC 软件安装与基本指令编程 | |
|---|---|---|---|
| 姓名： | 班级： | 日期： | 评价页 |

## 评价反馈

各组展示任务完成情况，介绍任务的完成过程并提交阐述材料，进行学生自评、学生组内互评、教师评价，完成考核评价表（见表 16-8）。

？引导问题 19：在本次任务完成过程中，给你印象最深的是哪件事？对个人职业素养有哪些提高？

？引导问题 20：你对 TIA Portal 软件了解了多少？还想继续学习关于 TIA Portal 软件的哪些内容？

表 16-8　考核评价表

| 评价项目 | 评价内容 | 分值 | 自评 20% | 互评 20% | 教师评价 60% | 合计 |
|---|---|---|---|---|---|---|
| 职业素养 40 分 | 安全意识、责任意识、服从意识 | 10 | | | | |
| | 积极参加任务活动，按时完成工作页，责任意识 | 10 | | | | |
| | 团队合作、交流沟通能力、集体主义精神 | 10 | | | | |
| | 劳动纪律，职业道德 | 5 | | | | |
| | 现场 6S 标准，行为规范 | 5 | | | | |
| 专业能力 60 分 | 专业资料检索能力，主动学习能力 | 10 | | | | |
| | 制订计划能力，严谨细致 | 10 | | | | |
| | 操作符合规范，精益求精 | 15 | | | | |
| | 工作效率，分工协作 | 10 | | | | |
| | 任务验收，质量意识 | 15 | | | | |
| 合计 | | 100 | | | | |
| 创新能力加分 20 分 | 创新性思维和行动，开拓创新精神 | 20 | | | | |
| 总计 | | 120 | | | | |
| 教师签名： | | | 学生签名： | | | |

| 项目 5　智能制造系统各单元基本操作 | | 任务 16　PLC 软件安装与基本指令编程 | |
|---|---|---|---|
| 姓名： | 班级： | 日期： | 知识页 |

## 相关知识点：博途软件安装及调试方法

### 一、博途软件简介

TIA 博途是全集成自动化软件 TIA portal 的简称，是西门子工业自动化集团发布的一款全新的全集成自动化软件。它是业内首个采用统一的工程组态和软件项目环境的自动化软件，几乎适用于所有自动化任务。借助该全新的工程技术软件平台，用户能够快速、直观地开发和调试自动化系统。

### 二、软件组成

### 三、软件安装

### 四、软件功能

### 五、智能仓储站项目实施

创建一个智能仓储站，由 I/O 控制器、I/O 模块和通信板构成 PROFIBUS 现场总线网络。

1. 新建智能仓储站项目
2. 组态设备 / 添加新设备
3. 根据实际 CPU 选择对应的订货号
4. 添加 I/O 模块和信号板
5. 安装 GSD 文件
6. 设定 PLC 的 IP 地址
7. 启用“系统和时钟存储器”
8. 启用“允许来自远程对象的 PUT/GET 通信访问”
9. 规划变量
10. 程序编写
11. 程序下载
12. 下载完成和程序监控

### 六、退出系统

完成程序调试后，退出系统前应该先核定程序文件名后将其存盘，然后退出系统。

**扫码看知识 16：**

博途软件安装及调试方法

# 任务 17　触摸屏组态与简单编程

| 项目 5　智能制造系统各单元基本操作 | | 任务 17　触摸屏组态与简单编程 | |
|---|---|---|---|
| 姓名： | 班级： | 日期： | 任务页 1 |

## 学习任务描述

本次学习任务在了解智能仓储站工艺流程的基础上，使学生熟悉 PLC 编程方法，了解触摸屏功能与作用，学习触摸屏与 S7–1200 PLC 的通信，掌握制作基本监控画面的流程，设计实现触摸屏对“智能仓储站”的起动控制，内容包含建立通信设置，建立数据库，设计画面，建立变量连接，下载调试，实现对“智能仓储站”的起停控制。

## 学习目标

1）通过信息查询获得 MCGS 的作用与功能。

2）根据技术资料理解上位机与下位机的作用。

3）通过小组合作，制订触摸屏在“智能仓储站”监控实施的工作计划。

4）在教师指导下，按照工艺要求完成触摸屏与 PLC 及计算机的通信连接设置。

5）在教师指导下，根据任务要求完成触摸屏画面制作与建立数据库，实现对“智能仓储站”起动的操作，完成下载调试。

6）小组进行施工检查验收，回顾梳理触摸屏设置中存在的问题。

## 任务书

以“智能仓储站”项目为例，项目已经实现了 PLC 编程运行，为了更加直观地监测系统各状态的运行情况，项目采用触摸屏通过实时数据库实现对系统运行状态的监控。请通过触摸屏实现与 PLC 的连接通信，设定数据连接变量，制作系统显示画面，实现系统的起动与运行显示。

| 项目 5　智能制造系统各单元基本操作 | | 任务 17　触摸屏组态与简单编程 | |
|---|---|---|---|
| 姓名： | 班级： | 日期： | 任务页 2 |

## 任务分组

将班级学生分组，可 4 ～ 8 人为一组，轮值安排组长，使每个人都有锻炼组织协调能力与管理能力的机会。各组任务可以相同或不同，明确每组的人员和任务分工，培养团队协作能力。学生任务分组表见表 17-1。

表 17-1　学生任务分组表

| 班级 | | 组号 | | 任务 | |
|---|---|---|---|---|---|
| 组长 | | 时间段 | | 指导教师 | |
| 姓名 | 学号 | 任务分工 | | | 备注 |
| | | | | | |
| | | | | | |
| | | | | | |
| | | | | | |
| | | | | | |
| | | | | | |
| | | | | | |
| | | | | | |

| 项目 5　智能制造系统各单元基本操作 | | 任务 17　触摸屏组态与简单编程 | |
|---|---|---|---|
| 姓名： | 班级： | 日期： | 信息页 |

## 获取信息

？引导问题 1：常见的触摸屏有哪些？分别用在什么场合？ HMI 是什么含义？

？引导问题 2：触摸屏作用与功能是什么？

？引导问题 3：查阅资料，描述上位机与下位机的区别。

？引导问题 4：触摸屏按使用环境分，MCGS 组态软件由________和________两个系统组成。

？引导问题 5：按组成要素分，MCGS 工程由主控窗口、________、________、________和运行策略五部分构成。

？引导问题 6：MCGS 触摸屏如何通过实时数据库实现与 PLC 的数据通信？

？引导问题 7：触摸屏与计算机的通信方式是怎样的？

？引导问题 8：触摸屏的控制要求及显示内容是什么？

？引导问题 9：查询资料，写出触摸屏实现的大体实现流程。

？引导问题 10：触摸屏与 S7-1200 通信接口方式是什么？

？引导问题 11：触摸屏触摸按钮与 PLC 外接实际按钮是如何联系的？

？引导问题 12：PLC 和触摸屏通信不畅时，应如何逐步查找故障点？

### 小提示

1. 实时数据库是 MCGS 嵌入版工程的数据交换和数据处理中心。数据对象是构成实时数据库的基本单元，建立实时数据库的过程也就是定义数据对象的过程。

图形对象搭制而成的图形画面是静止不动的，需要对这些图形对象进行动画设计，真实地描述外界对象的状态变化，达到过程实时监控的目的。MCGS 嵌入版实现图形动画设计的主要方法是将用户窗口中图形对象与实时数据库中的数据对象建立相关性连接，并设置相应的动画属性。在系统运行过程中，图形对象的外观和状态特征由数据对象的实时采集值驱动，从而实现了图形的动画效果。

2. 从工艺角度考虑，讨论显示控制内容；从硬件角度讨论触摸屏的选型及通信方式；从工作流程考虑施工的前后顺序：先实现简单通信显示控制，完成最基本的显示控制，再逐步增加并完善其余扩展功能。

| 项目 5　智能制造系统各单元基本操作 | | 任务 17　触摸屏组态与简单编程 | |
|---|---|---|---|
| 姓名： | 班级： | 日期： | 计划页 |

## 工作计划

按照任务书要求和获取的信息确定触摸屏型号，选择通信及下载方式。根据用户要求商定触摸屏显示内容与格式，制定任务实施、检查调试等工作内容和步骤，完成智能仓储站触摸屏监控显示工作方案。

触摸屏监控实施工作方案见表 17-2，材料、工具、器件计划清单见表 17-3。

表 17-2　触摸屏监控实施工作方案

| 步骤 | 工作内容 | 负责人 |
|---|---|---|
| | | |
| | | |
| | | |
| | | |
| | | |
| | | |

表 17-3　材料、工具、器件计划清单

| 序号 | 名称 | 型号和规格 | 单位 | 数量 | 备注 |
|---|---|---|---|---|---|
| | | | | | |
| | | | | | |
| | | | | | |
| | | | | | |
| | | | | | |
| | | | | | |

| 项目 5　智能制造系统各单元基本操作 | | 任务 17　触摸屏组态与简单编程 | |
|---|---|---|---|
| 姓名： | 班级： | 日期： | 决策页 |

## 进行决策

由不同组员（或不同组别）对工作计划、施工方案进行对比、分析、论证，整合完善，形成小组决策，作为工作实施的依据。触摸屏监控实施决策方案见表 17-4，材料、工具、器件最终清单见表 17-5。

表 17-4　触摸屏监控实施决策方案

| 步骤名称 | 工作内容 | 负责人 |
|---|---|---|
| | | |
| | | |
| | | |
| | | |
| | | |
| | | |

表 17-5　材料、工具、器件最终清单

| 序号 | 名称 | 型号和规格 | 单位 | 数量 | 备注 |
|---|---|---|---|---|---|
| | | | | | |
| | | | | | |
| | | | | | |
| | | | | | |
| | | | | | |
| | | | | | |

| 项目 5　智能制造系统各单元基本操作 | | 任务 17　触摸屏组态与简单编程 | |
|---|---|---|---|
| 姓名： | 班级： | 日期： | 实施页 |

## 工作实施

### 1. 按以下步骤实施网络接线与触摸屏项目设置

（1）触摸屏与计算机、S7-1200 PLC 的连接

1）网线两端分别连接触摸屏网络接口、计算机网络接口，保证接插到位，连接牢固、可靠。

2）设定触摸屏通信格式与协议。

（2）触摸屏项目设置步骤（图 17-1）

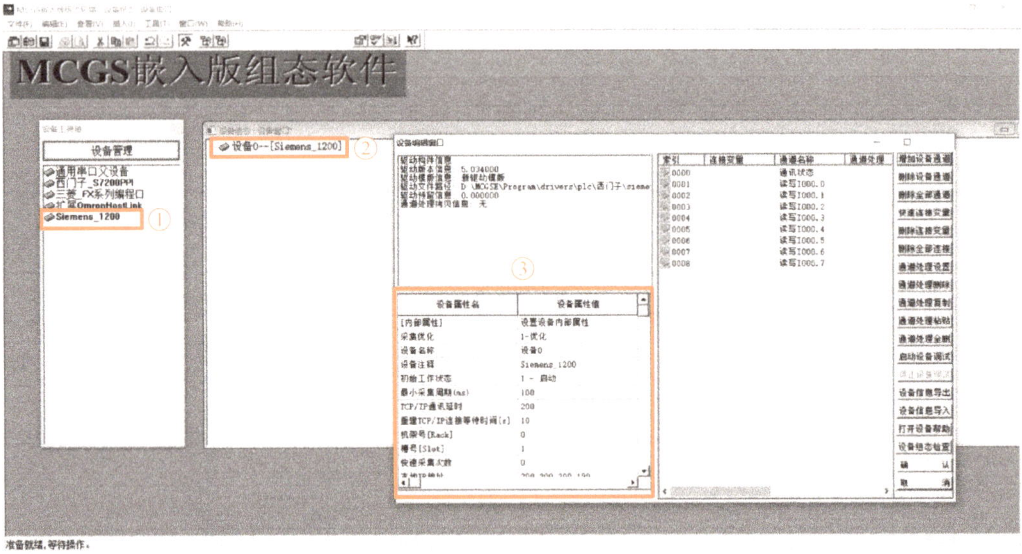


图 17-1　触摸屏项目设置步骤

1）进入设备选项，选择 S7-1200 通信接口方式，查看通信协议是否符合规范。

2）设置参数变量，确定变量类型、I/O 地址。

3）新建画面，放置按钮、指示灯等画面图标，设置连接变量。

4）将画面下载到触摸屏。

5）完成与 PLC 联机调试。

### 2. “智能仓储站”触摸屏监控项目组态

“智能仓储站”触摸屏监控项目组态，参见本任务相关知识点。

| 项目 5　智能制造系统各单元基本操作 | | 任务 17　触摸屏组态与简单编程 | |
|---|---|---|---|
| 姓名： | 班级： | 日期： | 检查页 |

## 检查验收

以“智能仓储站”触摸屏监控项目为例，按照验收标准对任务完成情况进行检查验收和评价，包括外部网络连接、触摸屏设备选项、通信协议检查、画面制作协调美观、数据库变量设置、下载调试等，并将验收问题及其整改措施、完成时间进行记录。验收标准及评分表见表 17-6，验收过程问题记录表见表 17-7。

表 17-6　验收标准及评分表

| 序号 | 验收项目 | 验收标准 | 分值 | 教师评分 | 备注 |
|---|---|---|---|---|---|
| 1 | 实施方案 | 实施方案详细具体 | 15 | | |
| 2 | 网络接口连接到位 | 网络接线插接到位 | 5 | | |
| 3 | 触摸屏设备通信协议 | 通信协议设置正确，能正确监控一个状态 | 10 | | |
| 4 | 数据库数据设置 | 所有数据显示控制正确 | 10 | | |
| 5 | 画面显示控制 | 画面协调美观，显示控制功能齐全 | 20 | | |
| 6 | 画面元件数据连接正确 | 所有数据显示控制正确 | 25 | | |
| 7 | 下载调试 | 程序正常下载，与 PLC 关联正确 | 5 | | |
| 8 | 问题梳理 | 对出现问题分析判断解决合理 | 10 | | |
| 合计 | | | 100 | | |

表 17-7　验收过程问题记录表

| 序号 | 验收问题记录 | 整改措施 | 完成时间 | 备注 |
|---|---|---|---|---|
| | | | | |
| | | | | |
| | | | | |
| | | | | |
| | | | | |

？引导问题 13：按钮、指示灯功能不对应，应检查哪些内容，列出检测步骤？

**小提示**

检查验收前，完成项目工程任务要求，完善工作方案与计划，现场符合 6S 标准，搜集整理过程记录，做好文件整理汇总。

| 项目 5　智能制造系统各单元基本操作 | | 任务 17　触摸屏组态与简单编程 | |
|---|---|---|---|
| 姓名： | 班级： | 日期： | 评价页 |

## 评价反馈

各组展示任务完成情况，介绍任务的完成过程并提交阐述材料，进行学生自评、学生组内互评、教师评价，完成考核评价表（见表 17-8）。

？引导问题 14：在本次任务完成过程中，给你印象最深的是哪件事？

？引导问题 15：你对 MCGS 触摸屏有哪些了解？ MCGS 触摸屏如何显示报警信息？

表 17-8　考核评价表

| 评价项目 | 评价内容 | 分值 | 自评 20% | 互评 20% | 教师评价 60% | 合计 |
|---|---|---|---|---|---|---|
| 职业素养 40 分 | 安全意识、责任意识、服从意识 | 10 | | | | |
| | 积极参加任务活动，按时完成工作页 | 10 | | | | |
| | 团队合作、交流沟通能力 | 10 | | | | |
| | 劳动纪律 | 5 | | | | |
| | 现场 6S 标准 | 5 | | | | |
| 专业能力 60 分 | 专业资料检索能力 | 10 | | | | |
| | 制订计划能力 | 10 | | | | |
| | 操作符合规范 | 15 | | | | |
| | 工作效率 | 10 | | | | |
| | 任务验收质量 | 15 | | | | |
| 合计 | | 100 | | | | |
| 创新能力 加分 20 分 | 创新性思维和行动 | 20 | | | | |
| 总计 | | 120 | | | | |
| 教师签名： | | | 学生签名： | | | |

| 项目 5　智能制造系统各单元基本操作 | | 任务 17　触摸屏组态与简单编程 | |
|---|---|---|---|
| 姓名： | 班级： | 日期： | 知识页 |

## 相关知识点：触摸屏组态软件概述、MCGS 软件编程简介

### 一、组态的概念

组态的英文是“Configuration”，就是用应用软件中提供的工具、方法完成工程中某一具体任务的过程。组态与组装类似，如要组装一台计算机，事先提供了各种型号的主板、机箱、电源、CPU、显示器、硬盘等，我们的工作就是用这些部件拼凑成自己需要的计算机。当然，软件中的组态要比硬件的组装有更大的发挥空间，因为它一般要比硬件中的“部件”更多，而且每个“部件”都很灵活，因为软部件都有内部属性，通过改变属性可以改变其规格（如大小、形状、颜色等）。

### 二、上位机和下位机

### 三、MCGS 组态软件简介

MCGS（Monitor and Control Generated System）是一套基于 Windows 平台的，用于快速构造和生成上位机监控系统的组态软件系统，可运行于 Microsoft Windows 操作系统。按组成要素分，MCGS 工程由主控窗口、设备窗口、用户窗口、实时数据库和运行策略五部分构成。

### 四、“智能仓储站”触摸屏监控项目编程

（1）通信配置

（2）新建工程

（3）添加“设备工具箱”

（4）在“设备工具箱”中添加与 S7-1200PLC 通信的驱动

（5）在新建工程中添加设备

（6）设置通信参数

（7）添加 PLC 变量

（8）添加变量名称

（9）添加数据对象

（10）新建用户窗口

（11）添加“按钮”构件

（12）“按钮”属性设置

（13）添加“指示灯”构件

（14）下载程序

扫码看知识 17：

触摸屏组态软件概述、MCGS 软件编程简介

# 任务 18　MES 认知与部署

| 项目 5　智能制造系统各单元基本操作 | | 任务 18　MES 认知与部署 | |
|---|---|---|---|
| 姓名： | 班级： | 日期： | 任务页 1 |

## 学习任务描述

制造执行系统（Manufacturing Execution System，MES）是面向车间级生产管理的平台，是企业计划层和车间作业现场控制系统联系起来的纽带。因此，为企业选择一套适宜的 MES 将有助于企业在复杂和动态的生产环境中，根据 ERP 下达计划和现场工况快速响应执行制造，实现执行过程的协调、制造执行信息的管理以及作业调度的控制等关键问题的解决。本次学习任务要求：通过了解当前制造企业在借助信息化管理软件提升现场作业管理遇到的瓶颈，理解并知晓 MES 的形成过程，掌握 MES 的构成与功能，以及如何架构 MES。

## 学习目标

1）通过了解当前企业常用的信息管理软件情况，知晓 MES 产生的应用背景，从而知晓我国现有管理软件与国外管理软件存在的差距，激发同学们的爱国情怀及创新意识。

2）通过查阅资料，知晓 MES 的发展历史及其有关标准的制订过程，认识到现有 MES 标准多为国外行业标准，还需要国内同仁努力推动和帮助 MES 的发展、普及、应用和改进，进而推出能获得国际认可的中国标准。

3）通过查阅资料，掌握 MES 的应用原理及作用。

4）通过调查，了解企业中各主要部门的职责及其在生产管理中可能存在的问题，培养责任意识，同时也锻炼学生对信息的分析和鉴别能力。

5）掌握 MES 的构成及功能。

6）通过查阅资料和调查研究，分析某一特定企业的配置需求，进而掌握如何架构 MES 系统，培养学责任意识，同时也锻炼对信息的分析和鉴别能力。

## 任务书

通过调查和收集资料，了解现代制造企业引入 MES 需要做的基础建设工作，以 MES 的应用原理及作用为主线，通过学习及简单练习，了解 MES 的发展历史及有关标准的制订过程，掌握 MES 的构成及功能。

| 项目 5　智能制造系统各单元基本操作 | | 任务 18　MES 认知与部署 | |
|---|---|---|---|
| 姓名： | 班级： | 日期： | 任务页 2 |

## 任务分组

将班级学生分组，可 4 ～ 8 人为一组，轮值安排组长，使每个人都有锻炼组织协调能力与管理能力的机会。各组任务可以相同或不同，明确每组的人员和任务分工，培养团队协作能力。学生任务分组表见表 18-1。

表 18-1　学生任务分组表

| 班级 | | 组号 | | 任务 | |
|---|---|---|---|---|---|
| 组长 | | 时间段 | | 指导教师 | |
| 姓名 | 学号 | 任务分工 | | | 备注 |
| | | | | | |
| | | | | | |
| | | | | | |
| | | | | | |
| | | | | | |
| | | | | | |
| | | | | | |
| | | | | | |

| 项目 5　智能制造系统各单元基本操作 | | 任务 18　MES 认知与部署 | |
|---|---|---|---|
| 姓名： | 班级： | 日期： | 信息页 |

## 获取信息

？引导问题 1：查阅资料，了解现代制造企业中常用的信息管理软件类型及其作用。

？引导问题 2：查阅资料，了解现代制造企业的典型业务流程。

？引导问题 3：销售、采购、仓库、生产、工艺、质量、设备管理等部门在企业中的主要职责是什么？

？引导问题 4：现代制造企业中，设计部门、工艺部门和生产部门的主要作用是什么？

？引导问题 5：信息化对于现代制造企业有哪些重要影响？

？引导问题 6：现代制造企业要引入 MES 需要做的基础建设工作有哪些？

？引导问题 7：分组讨论，由于企业在生产现场管理中可能存在的问题会对企业的生产能力产生哪些不利影响？

| 项目 5 智能制造系统各单元基本操作 | | 任务 18 MES 认知与部署 | |
|---|---|---|---|
| 姓名： | 班级： | 日期： | 计划页 |

## 工作计划

按照任务书要求和获取的信息，同时兼顾绿色环保与节能等要素的需要，重点了解 ERP 系统和 MES 在管理目标、管理范围和管理力度上的特点，并填写表 18-2。

表 18-2 ERP 系统和 MES 在管理目标、管理范围和管理力度上的特点

| 项目 | ERP | MES | 负责人 |
|---|---|---|---|
| 管理目标 | | | |
| 管理范围 | | | |
| 管理力度 | | | |
| | | | |
| | | | |
| | | | |

根据获得的信息，了解企业在生产现场管理中可能存在的问题，并填写表 18-3。

表 18-3 企业在生产现场管理中可能存在的问题

| 因素方面 | 管理手段 | 计划调度 | 生产准备 | 生产过程 | 周转时间 | 成本 |
|---|---|---|---|---|---|---|
| 人员 | | | | | | |
| 设备 | | | | | | |
| 物料 | | | | | | |
| 资料 | | | | | | |
| | | | | | | |
| | | | | | | |
| | | | | | | |

分析制定 MES 认知与部署工作计划列入表 18-4。

表 18-4 MES 认知与部署工作计划

| 步骤 | 工作内容 | 负责人 |
|---|---|---|
| | | |
| | | |
| | | |
| | | |

| 项目 5　智能制造系统各单元基本操作 | | 任务 18　MES 认知与部署 | |
|---|---|---|---|
| 姓名： | 班级： | 日期： | 决策页 |

## 进行决策

根据上述活动得到的结果，明确生产现场管理和企业计划部门间顺畅沟通需要解决的问题以及 MES 应具备的基础架构。由不同组员（或不同组别）对工作计划进行对比、分析、论证，整合完善，形成小组决策，作为工作实施的依据。小组决策方案见表 18-5。

表 18-5　MES 认知与部署工作决策方案

| 步骤名称 | 工作内容 | 负责人 |
|---|---|---|
| | | |
| | | |
| | | |
| | | |
| | | |
| | | |
| | | |
| | | |

| 项目 5　智能制造系统各单元基本操作 | | 任务 18　MES 认知与部署 | |
|---|---|---|---|
| 姓名： | 班级： | 日期： | 实施页 |

## 工作实施

**1. 熟悉所使用软件**

对于相关软件建立一定的认知基础。

**2. 对数据库所需环境进行搭建**

① 对 VC 环境进行正确安装。

② 对 Chrome 浏览器进行正确安装。

③ 对 MongodbCompass 客户端进行正确安装。

④ 对 MongoDB 数据库进行正确安装。

⑤ 对 Redis 数据库进行正确安装。

⑥ 对摄像头服务进行正确安装。

**3. NET 环境安装**

选中搭建数据库所用的相关服务并安装。

**4. MES 系统安装，安装完成后登录测试及验证**

**5. MES 软件部署**

MES 软件部署，参见本任务知识页。

？引导问题 8：如果小组成员进行角色扮演，模拟委托企业和 MES 设计人员，双方在沟通时采取哪些沟通方式将有助于 MES 设计方快速了解企业状况和需求并确定 MES 的设计方案呢？在此过程中，对参与双方有哪些专业认识或职业素养方面的要求？

| 项目 5　智能制造系统各单元基本操作 | | 任务 18　MES 认知与部署 | |
|---|---|---|---|
| 姓名： | 班级： | 日期： | 检查页 |

## 检查验收

根据前面各项活动的完成情况及表 18-6 中所列验收标准为各小组成员评分。将验收问题及其整改措施、完成时间进行记录，填入表 18-7。

表 18-6　验收标准及评分表

| 序号 | 验收项目 | 验收标准 | 分值 | 教师评分 | 备注 |
|---|---|---|---|---|---|
| 1 | 企业管理软件需求情况 | 能说出三种以上企业常用管理软件的名称及作用 | 20 | | |
| 2 | 现代制造企业典型业务流程 | 能完整说出某一类制造企业的典型或主要业务流程，且流程顺序合理 | 20 | | |
| 3 | 知晓制造型企业主要部门职责 | 能说出某类制造企业的主要或必要部门及其作用 | 20 | | |
| 4 | 知晓现代制造企业中常见的管理问题 | 能列举现代制造企业中存在的三种以上管理问题，最好能说明这些问题产生的原因 | 20 | | |
| 5 | 知晓制造型企业引入 MES 的基本步骤及主要基础工作 | 能以某类或某家企业为例，说明引入 MES 的主要步骤及各步骤对应的基础性工作 | 20 | | |
| 合计 | | | 100 | | |

表 18-7　验收过程问题记录表

| 序号 | 验收问题记录 | 整改措施 | 完成时间 | 备注 |
|---|---|---|---|---|
| | | | | |
| | | | | |
| | | | | |
| | | | | |
| | | | | |
| | | | | |

| 项目 5　智能制造系统各单元基本操作 | | 任务 18　MES 认知与部署 | |
|---|---|---|---|
| 姓名： | 班级： | 日期： | 评价页 |

## 评价反馈

各组展示任务完成情况，介绍任务的完成过程并提交阐述材料，进行学生自评、学生组内互评、教师评价，完成考核评价表（见表 18-8）。

? 引导问题 9：在本次任务完成过程中，给你印象最深的是哪件事？对自己的职业能力有哪些明显提高？

? 引导问题 10：你对 MES 了解多少？还想继续学习关于 MES 的哪些内容？

表 18-8　考核评价表

| 评价项目 | 评价内容 | 分值 | 自评 20% | 互评 20% | 教师评价 60% | 合计 |
|---|---|---|---|---|---|---|
| 职业素养 40 分 | 爱岗敬业、安全意识、责任意识、服从意识 | 10 | | | | |
| | 积极参加任务活动，按时完成工作页 | 10 | | | | |
| | 团队合作、交流沟通能力、集体主义精神 | 10 | | | | |
| | 劳动纪律，职业道德 | 5 | | | | |
| | 现场 6S 标准，行为规范 | 5 | | | | |
| 专业能力 60 分 | 专业资料检索能力，中外品牌分析能力 | 10 | | | | |
| | 制订计划能力，严谨认真 | 10 | | | | |
| | 操作符合规范，精益求精 | 15 | | | | |
| | 工作效率，分工协作 | 10 | | | | |
| | 任务验收质量，质量意识 | 15 | | | | |
| 合计 | | 100 | | | | |
| 创新能力加分 20 分 | 创新性思维和行动 | 20 | | | | |
| 总计 | | 120 | | | | |
| 教师签名： | | | 学生签名： | | | |

| 项目 5　智能制造系统各单元基本操作 | | 任务 18　MES 认知与部署 | |
|---|---|---|---|
| 姓名： | 班级： | 日期： | 知识页 |

## 相关知识点：MES 基础知识、MES 产品开发与部署

### 一、MES 的定义

MESA 给出的 MES 定义：MES 能通过信息传递，对从订单下达到产品完成的整个生产过程进行优化管理。当工厂发生实时事件时，MES 能对此及时做出反应并报告，并用当前的准确数据对他们进行指导和处理。这种对状态变化的迅速响应使 MES 能够减少企业内部没有附加值的活动，有效地指导工厂的生产运作过程，从而使其既能提高工厂的及时交货能力，改善物流的流通性能，又能提高生产回报率。MES 还通过双向的直接通信，为企业内部和整个产品供应链提供有关产品行为的关键任务信息，MESA 在 MES 定义中强调了以下 3 点：

1）MES 是对整个车间集成制造过程的优化，而不是单一地解决某个生产瓶颈；

2）MES 必须提供实时收集生产过程中数据的功能，并作出相应的分析和处理；

3）MES 需要与计划层和控制层进行信息交互，通过企业的连续信息流来实现企业信息全集成。

### 二、MES 的发展历史

### 三、MES 的主要功能

生产资源分配与监控；工序详细调度；生产单元分配；生产过程管理；人力资源管理；设备管理；计划管理；文档管理；生产信息追溯；生产绩效分析；数据采集

### 四、MES 的行业应用

### 五、MES 项目开发

### 六、MES 软件部署

1. 所用软件及说明
2. 数据库环境搭建
3. NET 环境安装
4. MES 系统安装

MES 及展示看板均通过网页端登录，建议采用 chrome 浏览器。输入指定网址即可进入到指定操作界面。

**扫码看知识 18：**

MES 基础知识、MES 产品开发与部署

# 项目 6

# 智能制造系统维护保养

| 项目 6　智能制造系统维护保养 | | 任务 19 ～ 任务 21 | |
|---|---|---|---|
| 姓名： | 班级： | 日期： | 项目页 |

## 项目导言

本项目以智能制造系统日常维护内容为学习目标，分组施工，完成智能制造系统保养、维护具体事项，并了解维护手册内容，针对各学习任务给出了任务要求、学习目标、工作步骤（六步法）、评价方案、学习资料等工作要求和学习指导。

## 项目任务

1. 掌握数控机床的日常保养与维护。
2. 掌握工业机器人的日常保养与维护。
3. 掌握智能制造系统的日常维护。

## 项目学习摘要

# 任务 19　数控机床日常保养与维护

| 项目 6　智能制造系统维护保养 | | 任务 19　数控机床日常保养与维护 | |
|---|---|---|---|
| 姓名： | 班级： | 日期： | 任务页 1 |

## 学习任务描述

数控机床是智能制造系统的主要生产设备，数控机床的正常使用和寿命与日常保养和维护有着密切的联系，正确使用和严格的日常保养可以避免 80%的意外故障，延长一倍以上的平均无故障时间。本学习任务要求学生掌握数控机床日常保养、维护的要求，能够进行数控机床的日常保养。

## 学习目标

1）通过信息查询，获得关于数控机床日常保养、维护的相关知识。了解国产数控机床与国外数控机床在产品性能、应用领域、技术特点上的差异，培养爱国主义情怀及推动技术革新的责任感。

2）根据技术资料，理解数控机床日常保养、维护的内容与方法。培养追求真理、实事求是、勇于探究与实践的科学精神。

3）通过小组合作，制订数控机床保养、维护的工作计划。培养交流、沟通、与人合作的能力及团队协作精神。

4）在教师指导下，分组施工，完成数控机床保养、维护具体事项。培养热爱专业、认真专注的工匠精神。

5）小组进行施工检查验收，解决数控机床保养、维护中存在的问题。培养严谨、认真的职业素养。

## 任务书

针对实际生产设备或实训设备，了解数控机床的日常保养与维护规范及要求，对数控机床分别进行一级、二级、三级保养。

| 项目 6　智能制造系统维护保养 | | 任务 19　数控机床日常保养与维护 | |
|---|---|---|---|
| 姓名： | 班级： | 日期： | 任务页 2 |

## 任务分组

将班级学生分组，可 4 ～ 8 人为一组，轮值安排组长，使每个人都有锻炼组织协调能力与管理能力的机会。各组任务可以相同或不同，明确每组的人员和任务分工，培养团队协作能力。学生任务分工表见表 19-1。

表 19-1　学生任务分工表

| 班级 | | 组号 | | 任务 | |
|---|---|---|---|---|---|
| 组长 | | 时间段 | | 指导教师 | |
| 姓名 | 学号 | 任务分工 | | | 备注 |
| | | | | | |
| | | | | | |
| | | | | | |
| | | | | | |
| | | | | | |
| | | | | | |
| | | | | | |
| | | | | | |

| 项目 6　智能制造系统维护保养 | | 任务 19　数控机床日常保养与维护 | |
|---|---|---|---|
| 姓名： | 班级： | 日期： | 信息页 |

## 获取信息

？引导问题 1：通过自主学习，了解数控机床的基础知识。培养自主学习能力和探究精神。

？引导问题 2：查阅资料，了解数控机床保养与维护的主要内容。

？引导问题 3：数控机床的主要组成与结构有哪些（参见图 19-1）？

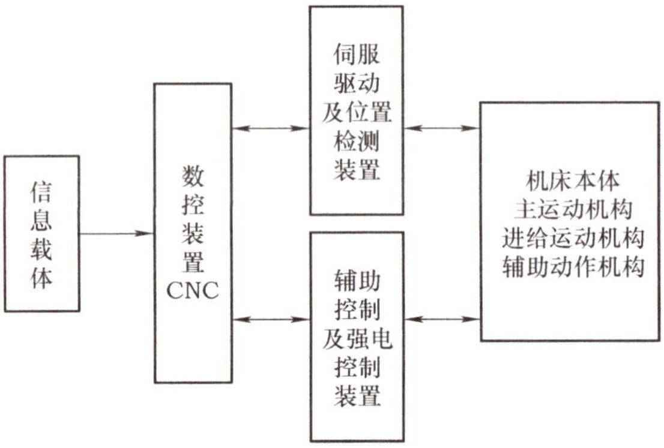


图 19-1　数控机床的组成

？引导问题 4：数控机床操作人员应具备的能力有哪些？

？引导问题 5：数控系统工作时的温度不能高于________℃，数控系统允许电压波动范围为额定电压的________。

？引导问题 6：举例说明数控机床一级、二级、三级保养的规范。

？引导问题 7：数控机床班前、班中、班后日常维护主要内容有哪些？

？引导问题 8：数控机床液压系统日常保养安全注意事项有哪些？

？引导问题 9：数控机床气动系统日常保养安全注意事项有哪些？

？引导问题 10：数控机床中心润滑系统日常保养安全注意事项有哪些？

？引导问题 11：数控机床定位精度的主要检测内容有哪些？

？引导问题 12：数控机床的日常维护应注意哪些安全、环保、节约事项？

？引导问题 13：数控机床三级保养的内容和要求有哪些？

？引导问题 14：数控机床的精度检查包括哪些内容？

### 小提示

1）主要几何精度要求符合出厂允差标准。

2）检查各直线坐标和回转坐标的定位精度、重复定位精度及反向误差。要求符合出厂允差标准。

| 项目 6　智能制造系统维护保养 | | 任务 19　数控机床日常保养与维护 | |
|---|---|---|---|
| 姓名： | 班级： | 日期： | 计划页 |

## 工作计划

按照任务书要求和获取的信息，制订数控机床保养与维护的工作方案，包括器件、材料、工具准备，施工、检查调试等工作内容和步骤，完成对指定机床保养与维护的对应表格。方案需要考虑到安全、环保、节能要素。数控机床保养与维护工作计划见表 19-2。

表 19-2　数控机床保养与维护工作计划

| 步骤名称 | 工作内容 | 负责人 |
|---|---|---|
| | | |
| | | |
| | | |
| | | |
| | | |
| | | |
| | | |
| | | |
| | | |
| | | |
| | | |
| | | |
| | | |
| | | |

| 项目 6　智能制造系统维护保养 | | 任务 19　数控机床日常保养与维护 | |
|---|---|---|---|
| 姓名： | 班级： | 日期： | 决策页 |

## 进行决策

对不同组员（或不同组别）的工作计划进行工艺、施工方案的对比、分析、论证，整合完善，形成小组决策，作为工作实施的依据。计划对比分析见表 19-3，数控机床保养与维护实施方案见表 19-4。培养理论联系实际、实事求是、与时俱进、在实践中检验真理和发展真理的能力。

表 19-3　计划对比分析

| 组员 | 计划中的优点 | 计划中的缺陷 | 优化方案 |
|---|---|---|---|
| | | | |
| | | | |
| | | | |
| | | | |
| | | | |
| | | | |

表 19-4　数控机床保养与维护实施方案

| 步骤名称 | 工作内容 | 负责人 |
|---|---|---|
| | | |
| | | |
| | | |
| | | |
| | | |
| | | |
| | | |
| | | |
| | | |
| | | |
| | | |
| | | |
| | | |
| | | |

| 项目 6　智能制造系统维护保养 | | 任务 19　数控机床日常保养与维护 | |
|---|---|---|---|
| 姓名： | 班级： | 日期： | 实施页 1 |

## 工作实施

对实训室或车间指定的数控机床进行保养、维护。养成敬业、精益、专注、创新的“工匠精神”，形成正确的职业价值取向。逐项进行并填写数控机床（加工中心）保养记录表。

**1. 数控机床（加工中心）一级保养（见表 19-5）**

表 19-5　数控机床（加工中心）一级保养记录表

| 设备名称 | | 设备编号 | |
|---|---|---|---|
| 保养人员 | | | |
| 保养日期 | | 验收人员 | |
| 一级保养 | | | |
| 编号 | 保养内容 | 保养结果及存在的问题 | 改进措施 |
| 1 | 按钮、开关和指示灯检查 | | |
| 2 | 机床接地线检查 | | |
| 3 | 润滑系统检查 | | |
| 4 | 冷却系统检查 | | |
| 5 | 气动系统输入压力值检查 | | |
| 6 | 主轴及进给系统预热检查 | | |
| 7 | 主轴刀具装置压力检查 | | |
| 8 | 刀库、机械手换刀工作情况检查 | | |
| 9 | 各坐标轴回参考点情况检查 | | |
| 10 | 排屑装置工作情况检查 | | |
| 11 | 班中机床运行情况检查 | | |
| 12 | 班后机床清扫清洁 | | |
| 13 | 班后机床各部分停机位置检查 | | |
| 14 | 班后断电断气 | | |
| 15 | 机床周围 6S 管理 | | |
| 16 | 机床交接班记录 | | |
| 17 | 其他项目检查 | | |

| 项目 6　智能制造系统维护保养 | | 任务 19　数控机床日常保养与维护 | |
|---|---|---|---|
| 姓名： | 班级： | 日期： | 实施页 2 |

2. 数控机床（加工中心）二级保养（见表 19-6）

表 19-6　数控机床（加工中心）二级保养记录表

| 设备名称 | | | 设备编号 | |
|---|---|---|---|---|
| 保养人员 | | | | |
| 保养日期 | | | 验收人员 | |
| 二级保养 | | | | |
| 编号 | 保养内容 | 保养结果及存在的问题 | | 改进措施 |
| 1 | 主轴装置保养 | | | |
| 2 | 各坐标进给传动系统保养 | | | |
| 3 | 刀库、自动换刀架装置保养 | | | |
| 4 | 工作台保养 | | | |
| 5 | 摄像头与检测装置保养 | | | |
| 6 | 数控系统工作情况 | | | |
| 7 | 电气控制柜情况 | | | |
| 8 | 液压系统保养 | | | |
| 9 | 气动系统保养 | | | |
| 10 | 润滑与冷却系统保养 | | | |
| 11 | 整机外观检查 | | | |
| 12 | 其他项目检查 | | | |

3. 数控机床（加工中心）三级保养（见表 19-7）

表 19-7　数控机床（加工中心）三级保养记录表

| 设备名称 | | | 设备编号 | |
|---|---|---|---|---|
| 保养人员 | | | | |
| 保养日期 | | | 验收人员 | |
| 三级保养 | | | | |
| 编号 | 保养内容 | 保养结果及存在的问题 | | 改进措施 |
| 1 | 主轴系统维护 | | | |
| 2 | 各坐标进给传动系统维护 | | | |
| 3 | 刀库、自动换刀装置维护 | | | |
| 4 | 摄像头与检测装置维检查 | | | |
| 5 | 数控系统检查 | | | |
| 6 | 电气控制柜检查 | | | |
| 7 | 液压系统维护 | | | |
| 8 | 气动系统维护 | | | |
| 9 | 润滑与冷却系统维护 | | | |
| 10 | 整机检查 | | | |
| 11 | 精度检查 | | | |

| 项目 6　智能制造系统维护保养 | | 任务 19　数控机床日常保养与维护 | |
|---|---|---|---|
| 姓名： | 班级： | 日期： | 检查页 |

## 检查验收

根据对指定数控机床进行维护保养的情况，按照验收标准对任务完成情况进行检查验收和评价，包括工艺质量、保养规范、故障分析的准确性等，并将验收问题及其整改措施、完成时间进行记录。验收标准及评分表见表 19-8，验收过程问题记录表见表 19-9。

表 19-8　验收标准及评分表

| 序号 | 验收项目 | 验收标准 | 分值 | 教师评分 | 备注 |
|---|---|---|---|---|---|
| 1 | 准备工作 | 准备充分，方案可行 | 15 | | |
| 2 | 一级保养项目 | 检查规范，步骤正确 | 25 | | |
| 3 | 二级保养项目 | 保养规范，步骤正确 | 25 | | |
| 4 | 三级保养项目 | 维护规范，步骤正确 | 25 | | |
| 5 | 其他保养项目 | 操作规范，步骤正确 | 10 | | |
| 合计 | | | 100 | | |

表 19-9　验收过程问题记录表

| 序号 | 验收问题记录 | 整改措施 | 完成时间 | 备注 |
|---|---|---|---|---|
| | | | | |
| | | | | |
| | | | | |
| | | | | |
| | | | | |
| | | | | |

| 项目 6 智能制造系统维护保养 | | 任务 19 数控机床日常保养与维护 | |
|---|---|---|---|
| 姓名： | 班级： | 日期： | 评价页 |

## 评价反馈

各组介绍任务的完成过程并提交阐述材料，进行学生自评、学生组内互评、教师评价，完成考核评价表（见表 19-10）。注重培养权利平等、公平公正、机会平等的价值观，明白“不努力肯定不成功，努力才可能成功”的道理。

？引导问题 15：在本次任务完成过程中，给你印象最深的是哪件事？

？引导问题 16：你对数控机床维护保养了解了多少？还想继续学习关于数控机床维护保养的哪些内容？

表 19-10 考核评价表

| 评价项目 | 评价内容 | 分值 | 自评 20% | 互评 20% | 教师评价 60% | 合计 |
|---|---|---|---|---|---|---|
| 职业素养 40 分 | 爱岗敬业、遵纪守法、安全意识、责任意识 | 10 | | | | |
| | 积极参加任务活动，按时完成工作页 | 10 | | | | |
| | 团队合作、交流沟通能力、集体主义精神 | 10 | | | | |
| | 劳动纪律、职业道德 | 5 | | | | |
| | 现场 6S 标准、行为规范 | 5 | | | | |
| 专业能力 60 分 | 专业资料检索能力、中外品牌分析能力 | 10 | | | | |
| | 制订计划能力、严谨负责 | 10 | | | | |
| | 操作符合规范、工匠精神 | 15 | | | | |
| | 工作效率、团结协作 | 10 | | | | |
| | 任务验收质量、实事求是 | 15 | | | | |
| 合计 | | 100 | | | | |
| 创新能力 加分 20 分 | 创新性思维和行动、创新开拓精神 | 20 | | | | |
| 总计 | | 120 | | | | |
| 教师签名： | | | 学生签名： | | | |

| 项目 6　智能制造系统维护保养 | | 任务 19　数控机床日常保养与维护 | |
|---|---|---|---|
| 姓名： | 班级： | 日期： | 知识页 |

## 相关知识点：数控机床的日常保养与维护知识

对数控机床进行维护保养的宗旨是延长部件和设备的使用寿命，延长机械部件的磨损周期。防止意外事故的发生，延长机床的平均无故障时间。数控机床的保养分为一级、二级、三级保养。一级保养是每天的日常保养，即在班前、班中和班后的检查事项；二级保养是每月一次的保养，一般在月底或月初进行，二级保养是对数控机床各部位进行保养；三级保养是每半年或每年进行一次的保养。

### 一、数控车床保养的内容与要求

1. 数控车床的一级保养

（1）班前保养

（2）班中保养

（3）班后保养

2. 数控车床二级保养的内容和要求

3. 数控车床三级保养的内容和要求

### 二、加工中心保养的内容和要求

1. 加工中心的一级保养

（1）班前保养

（2）班中保养

（3）班后保养

2. 加工中心二级保养的内容和要求

3. 加工中心三级保养的内容和要求

### 三、数控机床的维护

1. 数控机床的日常维护要点

2. 各类数控机床维护的主要内容

（1）数控车床的维护

（2）数控铣床的维护

（3）加工中心的维护

**扫码看知识 19：**

数控机床的日常保养与维护知识

# 任务 20　工业机器人日常保养与维护

| 项目 6　智能制造系统维护保养 | | 任务 20　工业机器人日常保养与维护 | |
| --- | --- | --- | --- |
| 姓名： | 班级： | 日期： | 任务页 1 |

## 学习任务描述

工业机器人是智能制造系统的核心设备，主要由机器人和控制柜组成，必须定期对其进行保养维护，以确保其功能正常。工业机器人保养维护分为日常保养维护及相隔一定期限进行的定期保养维护。本学习任务要求学生掌握工业机器人的日常保养、维护要求，能够进行数控机床的日常保养。

## 学习目标

1）了解工业机器人的安全操作常识。从而知晓我国工业机器人在各种领域中的应用，激发同学们的爱国情怀及创新意识。

2）根据技术资料理解工业机器人保养与维护的目的和要求。

3）通过小组合作，制订工业机器人保养与维护的工作计划。

4）在教师指导下，按照工艺要求完成工业机器人保养与维护的施工操作，会分析工业机器人故障原因。

5）小组进行施工检查验收，解决工业机器人保养与维护中存在的常见问题。

## 任务书

针对实际生产设备或实训设备，了解工业机器人的日常保养与维护规范及要求，对工业机器人分别进行一级、二级、三级保养工作。

| 项目 6　智能制造系统维护保养 | | 任务 20　工业机器人日常保养与维护 | |
|---|---|---|---|
| 姓名： | 班级： | 日期： | 任务页 2 |

## 任务分组

将班级学生分组，可 4 ～ 8 人为一组，轮值安排组长，使每个人都有锻炼组织协调能力与管理能力的机会。各组任务可以相同或不同，明确每组的人员和任务分工，培养团队协作能力。学生任务分工表见表 20-1。

表 20-1　学生任务分工表

| 班级 | | 组号 | | 任务 | |
|---|---|---|---|---|---|
| 组长 | | 时间段 | | 指导教师 | |
| 姓名 | 学号 | 任务分工 | | | 备注 |
| | | | | | |
| | | | | | |
| | | | | | |
| | | | | | |
| | | | | | |
| | | | | | |
| | | | | | |
| | | | | | |

| 项目 6　智能制造系统维护保养 | | 任务 20　工业机器人日常保养与维护 | |
| --- | --- | --- | --- |
| 姓名： | 班级： | 日期： | 信息页 |

## 获取信息

？引导问题 1：了解工业机器人在实际生产中有哪些应用。

？引导问题 2：查阅资料，了解工业机器人控制系统、机械手和示教器的基本结构，工业机器人如图 20-1 所示。

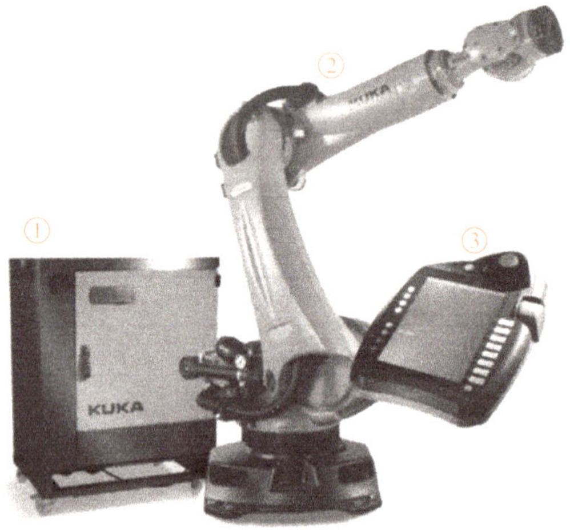


图 20-1　工业机器人

？引导问题 3：熟悉工业机器人安全使用常识。说出警告注意事项、安全注意事项、警告标识、操作安全注意事项有哪些。

？引导问题 4：工业机器人突发情况及相应的处理措施有哪些？

？引导问题 5：工业机器人日常保养维护的意义是什么？

？引导问题 6：工业机器人的日常保养有哪些？

？引导问题 7：为正确、安全地使用工业机器人，防止事故的发生，使用前应注意哪些安全事项？

？引导问题 8：手动和示教工业机器人操作应注意哪些事项？

？引导问题 9：列举 KUKA 机器人电池使用与电池更换注意事项。

### 小提示

手动和示教工业机器人操作注意事项：

1）不可戴手套操作示教盒。

2）在点动操作机器人时要采用较慢速度的按键以防止机器人发生碰撞。

3）在按下示教盘上的点动键之前要考虑到机器人的运动趋势。

4）应预先考虑好避让机器人的运动轨迹，并确认该线路不受干涉。

5）机器人周围环境必须清洁、无油、无水及杂质等。

| 项目 6　智能制造系统维护保养 | | 任务 20　工业机器人日常保养与维护 | |
|---|---|---|---|
| 姓名： | 班级： | 日期： | 计划页 |

## 工作计划

按照任务书要求和获取的信息，制订工业机器人日常保养与维护的工作方案，包括器件、材料、工具准备，工艺流程安排，检查调试等工作内容和步骤，完成工业机器人日常保养与维护的两个表格。工业机器人日常保养与维护工作方案见表 20-2，工业机器人日常保养与维护工作内容见表 20-3。

表 20-2　工业机器人日常保养与维护工作方案

| 步骤名称 | 工作方案 | 负责人 |
|---|---|---|
| | | |
| | | |
| | | |
| | | |
| | | |
| | | |
| | | |

表 20-3　工业机器人日常保养与维护工作内容

| 序号 | 工作内容 | 负责人 |
|---|---|---|
| | | |
| | | |
| | | |
| | | |
| | | |
| | | |
| | | |

| 项目 6 智能制造系统维护保养 | | 任务 20 工业机器人日常保养与维护 | |
|---|---|---|---|
| 姓名： | 班级： | 日期： | 决策页 |

## 进行决策

对不同组员（或不同组别）的工作计划进行选材、工艺、施工方案的对比、分析、论证，整合完善，形成小组决策，作为工作实施的依据。计划对比分析见表 20-4，工业机器人日常保养与维护决策方案见表 20-5。

表 20-4 计划对比分析

| 组员 | 计划中的优点 | 计划中的缺陷 | 优化方案 |
|---|---|---|---|
| | | | |
| | | | |
| | | | |
| | | | |
| | | | |
| | | | |

表 20-5 工业机器人日常保养与维护决策方案

| 步骤名称 | 工作内容 | 负责人 |
|---|---|---|
| | | |
| | | |
| | | |
| | | |
| | | |
| | | |
| | | |
| | | |

### 小提示

工业机器人常规保养步骤：

1）整体观察机器人系统、系统连接情况及各部分外观情况。

2）给工业机器人通电，检查电源系统情况。

3）安全操作机器人，观察设备运行状况。

4）针对问题进行研究分析并解决。

5）对机械部件、电气部件、蓄电池进行常规清理及保养。

| 项目 6　智能制造系统维护保养 | | 任务 20　工业机器人日常保养与维护 | |
|---|---|---|---|
| 姓名： | 班级： | 日期： | 实施页 1 |

## 工作实施

对实训室或车间工业机器人进行保养、维护。逐项进行并填写工业机器人保养记录表。

**1. 工业机器人一级保养**（见表 20-6）

表 20-6　工业机器人一级保养记录表

| 设备名称 | | 设备编号 | |
|---|---|---|---|
| 保养人员 | | | |
| 保养日期 | | 验收人员 | |
| 一级维护保养 | | | |
| 编号 | 保养内容 | 保养结果及存在的问题 | 改进措施 |
| 1 | 检查磨损及污染 | | |
| 2 | 检查阻尼器是否正常 | | |
| 3 | 检查轴运动是否正常 | | |
| 4 | 检查机器人布线：关闭连接到机器人的所有机器人电源、机器人的液压源、机器人的气压源；目测检查机器人与控制器之间的控制布线；查找是否有磨损、切割或挤压损坏的线 | | |
| 5 | 检查同步带是否正常 | | |
| 6 | 检查机械停止是否正常 | | |
| 7 | 检查是否需要更换蓄电池组 | | |
| 8 | 其他项目检查 | | |
| 9 | 是否符合 6S 标准 | | |

| 项目 6　智能制造系统维护保养 | | 任务 20　工业机器人日常保养与维护 | |
|---|---|---|---|
| 姓名： | 班级： | 日期： | 实施页 2 |

2. 工业机器人二级保养（见表 20-7）

表 20-7　工业机器人二级保养记录表

| 设备名称 | | 设备编号 | |
|---|---|---|---|
| 保养人员 | | | |
| 保养日期 | | 验收人员 | |
| 二级维护保养 | | | |
| 编号 | 保养内容 | 保养结果及存在的问题 | 改进措施 |
| 1 | 检查示教器，其电缆是否存在不适当的弯曲 | | |
| 2 | 检查通风单元，若有污垢，切断电源，清理通风单元 | | |
| 3 | 检查机械单元插座有无损坏，电缆弯曲是否异常，检查电动机连接器和航插的连接是否可靠 | | |
| 4 | 检查各机械部件是否存在问题，并处理 | | |
| 5 | 紧固末端执行器螺钉和外部主要螺钉 | | |
| 6 | 检查是否符合 6S 标准 | | |
| 7 | 检查其他项目 | | |

3. 工业机器人三级保养（见表 20-8）

表 20-8　工业机器人三级保养记录表

| 设备名称 | | 设备编号 | |
|---|---|---|---|
| 保养人员 | | | |
| 保养日期 | | 验收人员 | |
| 三级保养维护 | | | |
| 编号 | 保养内容 | 保养结果及存在的问题 | 改进措施 |
| 1 | 检查维护示教器及其电缆 | | |
| 2 | 检查维护通风单元 | | |
| 3 | 检查维护机械单元及其连接 | | |
| 4 | 检查维护各机械部件 | | |
| 5 | 紧固末端执行器螺钉、J1 轴～ J6 轴电动机安装用螺钉、外部主要螺钉、机器人紧固螺钉 | | |
| 6 | 检查维护减速机、齿轮箱、手腕部件，更换润滑油 | | |
| 7 | 检查调整机器人运动精度 | | |
| 8 | 其他项目检查 | | |

| 项目 6　智能制造系统维护保养 | | 任务 20　工业机器人日常保养与维护 | |
|---|---|---|---|
| 姓名： | 班级： | 日期： | 实施页 3 |

? 引导问题 10：工业机器人设备安装应注意哪些事项？

? 引导问题 11：启动工业机器人设备之前应注意哪些事项？

? 引导问题 12：气动元件保养有哪些注意事项？

? 引导问题 13：若工业机器人动作发生异常，并且排除是控制装置异常，此时如何分析判断？

**小提示**

工业机器人动作、运转发生某种异常时，如果不是控制装置出现异常，就应考虑是因机械部件损坏所导致的异常。为了迅速排除故障，首先需要明确掌握现象，并判断是什么部件出现问题而导致的异常。

第一步，是哪个轴出现了异常？

首先要了解是哪个轴出现异常现象。当没有明显异常动作而难以判断时，应对有无发出异常声响的部位，有无异常发热的部位，有无出现间隙的部位等情况进行调查。

第二步，哪个部件有损坏情况？

判明发生异常的轴后，应调查此部件导致异常的原因。一种现象可能是由多个部件导致的。

第三步，问题部件的处理。

判明出现问题的部件后，按规定方法进行处理。有些问题用户可以自行处理，但对于难以处理的问题，请联系厂家专业人员处理。

? 引导问题 14：如何更换电磁阀？

**小提示**

如电磁阀损坏需要更换，可按照下列步骤更换电磁阀：

1）切断气源，用螺钉旋具拆卸下已经损坏的电磁阀。

2）将电气控制接头插入电磁阀上。

3）将气路管插入电磁阀的快速接头。

4）接通气源，用手控开关进行调试，检查气缸的动作情况。

| 项目 6　智能制造系统维护保养 | | 任务 20　工业机器人日常保养与维护 | |
|---|---|---|---|
| 姓名： | 班级： | 日期： | 实施页 4 |

？引导问题 15：气缸调节维护时应注意哪些事项？

小提示

**注意：**气缸调试前不要打开气源开关阀。

气缸动作主要是电磁阀控制和气流大小的控制。如果气缸动作过快过猛或过慢，或偶有电路无故障气缸不动作时，需调整气路的调速接头，选择气缸动作相应的调速接头，对其进行调整，调速接头如图 20-2 所示。顺时针旋转调速接头，可减小气流，减缓气缸动作；逆时针则相反。

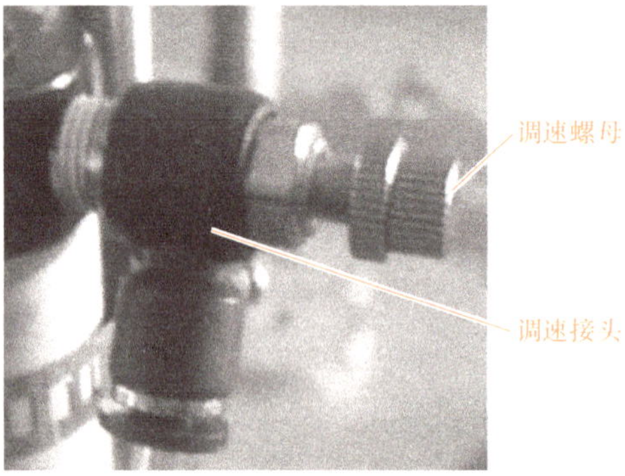


图 20-2　调速接头

？引导问题 16：润滑油检查的注意事项有哪些？

小提示

润滑油的检查注意事项如下：

1）检修时，当有规定数量以上的润滑油流出机体外时，请使用润滑油枪对流出部分进行补充。此时，所使用的润滑油枪的喷嘴直径应为 $\phi$17mm 以下。补充的润滑油量比流出量更多时，可能会导致润滑油渗漏或机器人动作时的轨迹不良等，应加以注意。

2）检修或加油完成后，为了防止漏油，应在润滑油管接头及带孔插塞处缠绕密封胶带再进行安装。有必要使用能明确加油量的润滑油枪。没有能明确加油量的油枪时，可通过测量加油前后润滑油重量的变化，对润滑油的加油量进行确认。

3）在工业机器人刚刚停止的短时间内，拆下检修口螺塞的一瞬间，润滑油可能会喷出。

4）更换润滑油，在对工业机器人进行保养时，需按照工业机器人使用说明书的规定定期对工业机器人进行润滑和检修，以保证效率。

| 项目 6　智能制造系统维护保养 | | 任务 20　工业机器人日常保养与维护 | |
|---|---|---|---|
| 姓名： | 班级： | 日期： | 检查页 |

## 检查验收

根据分组工作情况，按照验收标准对任务完成情况进行检查验收和评价，包括工艺质量、规范操作与准确性等要求，并将验收问题及其整改措施、完成时间进行记录。验收标准及评分表见表 20-9，验收过程问题记录表见表 20-10。

表 20-9　验收标准及评分表

| 序号 | 验收项目 | 验收标准 | 分值 | 教师评分 | 备注 |
|---|---|---|---|---|---|
| 1 | 安全操作 | 操作规范，符合要求 | 20 | | |
| 2 | 工业机器人机械部件 | 检查正确，操作规范，符合要求 | 30 | | |
| 3 | 工业机器人电气部件 | 检查正确，操作规范，符合要求 | 30 | | |
| 4 | 工业机器人蓄电池 | 检查正确，操作规范，符合要求 | 10 | | |
| 5 | 准备工作与整理工作 | 准备充分，符合要求 | 10 | | |
| 合计 | | | 100 | | |

表 20-10　验收过程问题记录表

| 序号 | 验收问题记录 | 整改措施 | 完成时间 | 备注 |
|---|---|---|---|---|
| | | | | |
| | | | | |
| | | | | |
| | | | | |
| | | | | |
| | | | | |

| 项目 6　智能制造系统维护保养 | | 任务 20　工业机器人日常保养与维护 | |
|---|---|---|---|
| 姓名： | 班级： | 日期： | 评价页 |

## 评价反馈

各组介绍任务的完成过程并提交阐述材料，进行学生自评、学生组内互评、教师评价，完成考核评价表（见表 20-11）。

？引导问题 17：在本次任务完成过程中，给你印象最深的是哪件事？

？引导问题 18：你对工业机器人的日常保养维护了解了多少？还想继续学习关于工业机器人维护保养的哪些内容？

表 20-11　考核评价表

| 评价项目 | 评价内容 | 分值 | 自评 20% | 互评 20% | 教师评价 60% | 合计 |
|---|---|---|---|---|---|---|
| 职业素养 40 分 | 安全意识、责任意识、服从意识 | 10 | | | | |
| | 积极参加任务活动，按时完成工作页 | 10 | | | | |
| | 团队合作、交流沟通能力 | 10 | | | | |
| | 劳动纪律 | 5 | | | | |
| | 现场 6S 标准 | 5 | | | | |
| 专业能力 60 分 | 专业资料检索能力 | 10 | | | | |
| | 制订计划能力 | 10 | | | | |
| | 操作符合规范 | 15 | | | | |
| | 工作效率 | 10 | | | | |
| | 任务验收质量 | 15 | | | | |
| 合计 | | 100 | | | | |
| 创新能力 加分 20 分 | 创新性思维和行动 | 20 | | | | |
| 总计 | | 120 | | | | |
| 教师签名： | | | 学生签名： | | | |

| 项目 6　智能制造系统维护保养 | | 任务 20　工业机器人日常保养与维护 | |
|---|---|---|---|
| 姓名： | 班级： | 日期： | 知识页 |

## 相关知识点：工业机器人安全使用常识与日常保养维护

### 一、工业机器人安全使用常识

1. 警告和注意事项
2. 进行调整、操作等工作时的安全注意事项
3. 更换机器人电池的注意事项

### 二、工业机器人突发事件及处理

### 三、工业机器人日常保养维护的意义

### 四、工业机器人的日常保养

工业机器人维护保养分为日常保养维护和定期保养维护，检查人员必须编制维护保养计划并切实进行保养与检修。

1. 电源的日常保养
2. 工业机器人机械部件的日常保养
3. 工业机器人电气部件的日常保养

### 五、工业机器人的维护

1. 日常保养
2. 定期维护

### 六、工业机器人常见问题及其处理方法

扫码看知识 20：

工业机器人安全使用与日常保养维护

# 任务 21　智能制造系统日常维护

| 项目 6　智能制造系统维护保养 | | 任务 21　智能制造系统日常维护 | |
|---|---|---|---|
| 姓名： | 班级： | 日期： | 任务页 1 |

## 学习任务描述

随着智能制造系统综合化、智能化程度的提高，其组成环节和影响因素的复杂性增加，产品发生故障和功能失效的概率加大。智能制造系统日常维护的目的是保证系统安全运行，降低发生事故的可能性，为产品生产保驾护航。

观看零件加工智能制造系统的工作过程，了解智能制造集成应用平台智能仓储系统、智能物流、工业机器人站、数控加工站的完整工作任务。本学习任务要求学生完成智能制造系统的日常维护方案，完成系统的日常保养、点检和润滑工作，以保证智能制造系统按规定要求完成加工流程。

## 学习目标

1）通过信息查询，获得关于智能制造系统日常维护的应用知识，培养安全意识。

2）通过查阅资料，了解设备损坏、维修成本，培养安全、节约、环保意识和技能报国、服务社会的爱国情怀。

3）根据技术资料熟悉日常维护的主要内容和流程。

4）通过小组合作培养团队协作精神，制订智能制造系统日常维护的工作计划。

5）在教师指导下，按照维护保养要求完成智能制造系统的日常维护保养，并培养严谨、认真的职业素养。

6）在教师指导下，根据点检要求完成智能制造系统的点检，并培养精益求精的工匠精神。

7）在教师指导下，根据润滑要求完成智能制造系统的润滑，并培养严格遵守设备使用制度、遵守操作规范的规矩意识。

## 任务书

在零件加工智能制造系统中，智能制造集成应用平台的日常维护是系统正常运行的重要保障，请完成智能制造系统的日常维护方案，进行系统的日常保养、系统点检和润滑，以保证智能制造系统按规定要求完成加工流程。

| 项目 6　智能制造系统维护保养 | | 任务 21　智能制造系统日常维护 | |
|---|---|---|---|
| 姓名： | 班级： | 日期： | 任务页 2 |

## 任务分组

将班级学生分组，可 4 ～ 8 人为一组，轮值安排组长，为每一位组员提供锻炼组织协调和管理能力的机会。各组任务可以相同或不同，明确每组的人员和任务分工，培养团队协作能力。学生任务分工表见表 21-1。

表 21-1　学生任务分工表

| 班级 | | 组号 | | 任务 | |
|---|---|---|---|---|---|
| 组长 | | 时间段 | | 指导教师 | |
| 姓名 | 学号 | 任务分工 | | | 备注 |
| | | | | | |
| | | | | | |
| | | | | | |
| | | | | | |
| | | | | | |
| | | | | | |
| | | | | | |
| | | | | | |

| 项目 6　智能制造系统维护保养 | | 任务 21　智能制造系统日常维护 | |
|---|---|---|---|
| 姓名： | 班级： | 日期： | 信息页 1 |

## 获取信息

？引导问题 1：自主学习智能制造系统日常维护的基础知识。

？引导问题 2：查阅资料，了解智能制造系统不同的维护方式。

？引导问题 3：智能制造系统日常维护的三个主要内容分别是：日常维护保养管理、________、________，设备日常维护的好坏直接影响着设备的使用周期。

？引导问题 4：了解设备日常管理的要求，了解设备维护保养管理制度。

（1）设备日常管理“三好”的要求是什么？

（2）设备日常管理“四会”的要求是什么？

（3）设备操作人员的五项纪律是什么？

？引导问题 5：在设备日常管理的要求中，设备操作维护规程的内容有哪些？

？引导问题 6：智能制造系统设备状态完好的标准是什么？

？引导问题 7：在设备日常维护保养管理中，设备维护保养的五项要求是什么？

？引导问题 8：在设备日常维护保养管理中，日常维护保养的主要内容有哪些？

？引导问题 9：在设备日常维护保养管理中，定期维护保养的主要内容有哪些？

？引导问题 10：在设备日常维护保养管理中，专业维护保养的主要内容有哪些？

？引导问题 11：了解设备点检管理的要求，点检管理的原则是指什么？

？引导问题 12：在设备点检管理中，三级点检是指什么？

？引导问题 13：在设备点检管理中，点检方法主要有哪些？

| 项目 6　智能制造系统维护保养 | | 任务 21　智能制造系统日常维护 | |
|---|---|---|---|
| 姓名： | 班级： | 日期： | 信息页 2 |

? 引导问题 14：在设备点检管理中，点检活动的实施流程是怎样的？

? 引导问题 15：了解润滑管理的要求，在润滑管理中各部门的职责是什么？

? 引导问题 16：设备润滑的主要作用是什么？

? 引导问题 17：在润滑管理中，润滑“五定”原则是指什么？

? 引导问题 18：在润滑管理中，润滑“三过滤”制度是指什么？

? 引导问题 19：查阅资料，写出设备更换润滑油的步骤。

**小提示**

1）设备的维护保养是为了保持设备正常技术状态，延长使用寿命所必须进行的日常工作。系统日常维护的目标之一就是要保持设备良好的工作状态，以确保设备发挥正常的功能。智能制造系统的工作状态是指设备所具有的生产能力，包括性能、精度、效率、运行参数、安全、环保、能源消耗等所处的状态及变化情况。

2）日常维护保养管理应知道所操作设备的名称、型号、用途、生产能力、基本构造及各部件名称和工作原理；应知道设备日常保养的部位和方法，所用润滑剂型号；应知道设备正常运转的基本状况（如声音、振动、气味等），参数（如温度、压力、电流等）；应知道设备安全注意事项及危险区域，防止事故发生。

3）点检是按照一定的标准、一定的周期对设备规定的部位进行检查，以便早期发现设备故障隐患，及时加以修理调整，使设备保持其规定功能的设备管理方法。点检人员主要包括生产系统的操作人员（日常点检）、设备系统的机电维修人员（专业定期点检）和技术系统的精密点检人员（精密点检）三大类。

4）润滑管理即根据润滑标准，采用定点、定质、定量、定期、定人原则完成设备润滑工作。

| 项目 6　智能制造系统维护保养 | | 任务 21　智能制造系统日常维护 | |
|---|---|---|---|
| 姓名： | 班级： | 日期： | 计划页 1 |

## 工作计划

按照任务书要求和获取的信息，制订智能制造系统日常维护工作计划，包括设备日常维护保养、点检、润滑等工作内容和步骤，完成系统设备日常维护工作计划、系统设备点检管理工作计划、系统设备润滑管理工作计划 3 个表格，分别见表 21-2 ～表 21-4，工具、器件计划清单见表 21-5。方案需要考虑规范、安全与环保要素。

表 21-2　系统设备日常维护工作计划

| 步骤名称 | 工作内容 | 负责人 |
|---|---|---|
| | | |
| | | |
| | | |
| | | |
| | | |
| | | |
| | | |
| | | |
| | | |
| | | |

表 21-3　系统设备点检管理工作计划

| 步骤名称 | 工作内容 | 负责人 |
|---|---|---|
| | | |
| | | |
| | | |
| | | |
| | | |
| | | |
| | | |
| | | |

| 项目 6　智能制造系统维护保养 | | 任务 21　智能制造系统日常维护 | |
|---|---|---|---|
| 姓名： | 班级： | 日期： | 计划页 2 |

表 21-4　系统设备润滑管理工作计划

| 步骤名称 | 工作内容 | 负责人 |
|---|---|---|
| | | |
| | | |
| | | |
| | | |
| | | |
| | | |
| | | |
| | | |

表 21-5　工具、器件计划清单

| 序号 | 名称 | 型号和规格 | 单位 | 数量 | 备注 |
|---|---|---|---|---|---|
| | | | | | |
| | | | | | |
| | | | | | |
| | | | | | |
| | | | | | |
| | | | | | |
| | | | | | |
| | | | | | |

？引导问题 20：请画出智能制造系统日常维护流程框图。

| 项目6 智能制造系统维护保养 | | 任务21 智能制造系统日常维护 | |
|---|---|---|---|
| 姓名： | 班级： | 日期： | 决策页 1 |

## 进行决策

对不同组员（或不同组别）的工作计划进行器件、内容、标准、检修方案的对比、分析、论证，整合完善，形成小组决策，作为工作实施的依据。小组合作开展自评，注重组员的协作、分析、判断能力的培养。计划对比分析见表21-6，小组决策方案见表21-7～表21-9，工具、器件最终清单见表21-10。

表21-6 计划对比分析

| 组员 | 计划中的优点 | 计划中的缺陷 | 优化方案 |
|---|---|---|---|
| | | | |
| | | | |
| | | | |
| | | | |
| | | | |
| | | | |
| | | | |

表21-7 系统设备日常维护决策方案

| 步骤名称 | 工作内容 | 负责人 |
|---|---|---|
| | | |
| | | |
| | | |
| | | |
| | | |
| | | |
| | | |
| | | |
| | | |
| | | |

| 项目 6　智能制造系统维护保养 | | 任务 21　智能制造系统日常维护 | |
|---|---|---|---|
| 姓名： | 班级： | 日期： | 决策页 2 |

表 21-8　系统设备点检管理决策方案

| 步骤名称 | 工作内容 | 负责人 |
|---|---|---|
| | | |
| | | |
| | | |
| | | |
| | | |
| | | |
| | | |
| | | |

表 21-9　系统设备润滑管理决策方案

| 步骤名称 | 工作内容 | 负责人 |
|---|---|---|
| | | |
| | | |
| | | |
| | | |
| | | |
| | | |
| | | |
| | | |

表 21-10　工具、器件最终清单

| 序号 | 名称 | 型号和规格 | 单位 | 数量 | 备注 |
|---|---|---|---|---|---|
| | | | | | |
| | | | | | |
| | | | | | |
| | | | | | |
| | | | | | |
| | | | | | |
| | | | | | |
| | | | | | |

| 项目 6　智能制造系统维护保养 | | 任务 21　智能制造系统日常维护 | |
|---|---|---|---|
| 姓名： | 班级： | 日期： | 实施页 1 |

## 工作实施

按以下步骤实现智能制造系统的日常维护。

**1. 日常维护保养管理的实施步骤**

（1）操作工日常规保养

1）班前维护。操作人员进行检查和清扫，以设备为中心，认真检查设备，擦拭各部位，彻底清扫灰尘、垃圾等，保证生产线区域的地面、台面干净整洁，工具、工件、附件放置整齐，安全防护装置齐全，设备接线完整。

2）润滑油加注。对需加润滑油的部位，操作人员需按规定期限加润滑油，油质符合要求，油壶、油枪、油杯齐全，油毡、油线、油标清楚，油路畅通。不要漏加，也不要多加，并做记录，使设备处于整齐、清洁、润滑、安全的状态。

3）综合检查。检查设备各主要部分的外观、网络连接情况等，检查各电源及电气控制开关、传动部件、限位开关等位置运转部位是否正确、灵活等问题，并及时加以处理。在试运转时，检查各部位工作情况、有无异常现象和声响，检查结束后，做好记录。

4）班中维护。遵守操作工艺，执行设备操作规范，认真观察、听诊设备运转情况，注意设备的运行声音，设备的温度、气压，电气系统的运行等是否正常，及时发现并排除小故障。

5）班后维护。断开所有开关，所有设备归零位；清除铁屑、脏物，擦净设备导轨面和滑动面上的油污，并加防护油；清扫工作场地，整理附件、工具；填写交接班记录和运转台时记录，办理交接班手续。

（2）机修工周常规保养

每周对分管车间巡回检查一次，对设备进行彻底清洁、擦拭和加润滑油，检查设备的运行情况，检查设备要运用看、摸、听的手段，看外表、摸温升、听声音，判断设备运行是否正常，确保设备正常运行，有隐患应及时处理或报告工程部。

（3）定期维护保养

根据维护保养周期规定拆卸设备的指定部件、箱盖及防护罩等，彻底清洗、擦拭设备内外；检查、调整各部件配合间隙，紧固松动部位，更换个别易损件；疏通油路，增添油量，清洗滤油器、油标，更换冷却液，清洗冷却液箱；清洁、检查、调整电器线路及装置。

（4）填写日常维护保养管理及工作记录表

智能制造系统日常维护保养管理及工作记录表见表 21-11。

| 项目 6 智能制造系统维护保养 | | 任务 21 智能制造系统日常维护 | |
|---|---|---|---|
| 姓名： | 班级： | 日期： | 实施页 2 |

表 21-11 智能制造系统日常维护保养管理及工作记录表

| 时间 | 部位 | 保养分类 | 保养作业 | 保养内容 | 保养标准 | 保养周期 | 负责人 |
|---|---|---|---|---|---|---|---|
| | | | | | | | |
| | | | | | | | |
| | | | | | | | |
| | | | | | | | |
| | | | | | | | |
| | | | | | | | |
| | | | | | | | |
| | | | | | | | |
| | | | | | | | |
| | | | | | | | |

? 引导问题 21：日常维护保养工作实施中有哪些规范、安全、节能注意事项？

? 引导问题 22：在日常维护保养工作的实施中遇到了哪些计划中没有考虑到的问题？是如何解决的？自己的专业认识和职业素养得到了哪些提高？

? 引导问题 23：通过设备日常维护保养管理，你对设备维护保养的“四会”是如何理解的？

**2. 设备点检的实施步骤**

（1）点检前的准备工作

1）制订点检计划：制订相应的点检计划，确定点检的项目、基准、方法及周期等。

2）培训点检人员：操作人员在点检工作前要具备相应的专业技术知识和了解设备的原理、构造、机能等，以便能胜任对设备的点检工作。

3）设置点检通道：通过在地面画线或设置指路牌的方式设置点检通道，沿点检通道、依据点检作业点的位置设置若干点检作业站，确保点检时行进路径最短，点检项目都能被点检通道中的站点所覆盖。点检者沿点检通道可以高效地完成一个区域内各站点设备的点检作业，有效地避免点检工作中的疏忽和遗漏。

| 项目 6　智能制造系统维护保养 | | 任务 21　智能制造系统日常维护 | |
|---|---|---|---|
| 姓名： | 班级： | 日期： | 实施页 3 |

4）明确点检责任：明确设备点检时各参与人员的职责，凡是设备有异状，操作人员或维修人员定期点检、专题点检没有检查出的，由操作人员或维修人员负责；已点检出的，由维修人员负责；没有及时维修的，由维修人员负责。

（2）点检内容

设备操作者每日班前按照检查标准的规定严格执行日常点检，对于一些设备的定期点检，点检人员要在规定的时间点进行，并做好相应的记录。具体点检内容如下：

1）检查设备运行使用情况，听设备运行的声音，有无异常撞击和摩擦声；看温度、压力等控制计量系统及自动化调节装置的工作情况。

2）检查传动带、运动机构、链条的紧固情况和平稳度。

3）检查安全保护罩、防护栏杆等是否完好。

4）检查安全装置、制动装置、事故报警装置、停车装置是否良好。

5）检查设备及工艺管路的静、动密封点的泄露情况。

6）检查设备基础、地脚螺栓及其他连接螺栓有无松动，或因连接松动而产生振动。

7）检查轴承及有关部位的温度、润滑及振动情况。

（3）点检结果的分析

点检人员在实施点检后，要对所有记录（包括点检记录、设备的潜在异常记录、日常点检的信息记录等）进行整理和分析，以实施具有针对性的改进措施。

（4）解决点检问题

1）经过简单调整、修正可以解决的，由操作人员自己解决。

2）对于在点检中发现的难度较大的故障隐患，由专业维修人员及时排除。

3）对于维修工作量较大、暂不影响使用的设备故障隐患，经车间机械员鉴定后，由车间维修组安排好计划予以排除，或上报设备部门协助解决。

（5）填写系统设备点检管理及工作记录表

系统设备点检管理及工作记录表见表 21-12。

表 21-12　系统设备点检管理及工作记录表

| 点检部件 | 点检项目 | 点检内容与标准 | 点检周期及分工 | | | 设备状态 | | 点检方法 | | | | | | | | 开动标准 |
|---|---|---|---|---|---|---|---|---|---|---|---|---|---|---|---|---|
| | | | 专职 | 运行 | 操作 | 运转 | 停止 | 目视 | 手摸 | 听音 | 敲打 | 嗅觉 | 解体 | 精密 | 其他 | |
| | | | | | | | | | | | | | | | | |
| | | | | | | | | | | | | | | | | |
| | | | | | | | | | | | | | | | | |
| | | | | | | | | | | | | | | | | |
| | | | | | | | | | | | | | | | | |
| | | | | | | | | | | | | | | | | |
| | | | | | | | | | | | | | | | | |

| 项目 6　智能制造系统维护保养 | | 任务 21　智能制造系统日常维护 | |
|---|---|---|---|
| 姓名： | 班级： | 日期： | 实施页 4 |

？引导问题 24：智能制造系统设备的点检部位有哪些？

？引导问题 25：智能制造系统设备采用的点检方法有哪些？

**小提示**

点检是对机器设备以及场所进行的定期和不定期的检查、加油、维护等工作，设备点检十大要素：压力、温度、流量、泄漏、润滑、异音、振动、龟裂、磨损、松弛，连接件应无松弛。

### 3. 设备润滑的实施步骤

设备加、换油应按照润滑油管理制度和润滑油五定表的规定执行，并做好相应记录。

1）在更换润滑油时，必须停止运行设备。

2）按润滑油五定表上的规定到润滑油库找到相应油种，并按三级过滤的要求将油壶装满。

3）将需更换润滑油的设备旧油放空，应注意将旧油按规定回收，不得随意排放。

4）从注油孔注入少量新润滑油，并进行清洗置换。

5）按三级过滤的要求向注油箱加油到规定油位处。

6）规范润滑油（脂）添加记录。

7）填写系统设备润滑管理及工作记录表

系统设备润滑管理及工作记录表见表 21-13。

表 21-13　系统设备润滑管理及工作记录表

| 部件名称 | 给油脂部位 | 润滑方式 | 润滑油牌号 | 润滑点数 | 补充油标准 | | 更换油标准 | | 操作人 |
|---|---|---|---|---|---|---|---|---|---|
| | | | | | 油量 | 周期 | 油量 | 周期 | |
| | | | | | | | | | |
| | | | | | | | | | |
| | | | | | | | | | |
| | | | | | | | | | |
| | | | | | | | | | |
| | | | | | | | | | |
| | | | | | | | | | |
| | | | | | | | | | |

| 项目 6 智能制造系统维护保养 | | 任务 21 智能制造系统日常维护 | |
|---|---|---|---|
| 姓名： | 班级： | 日期： | 实施页 5 |

？引导问题 26：填写润滑油（脂）添加记录需要注意哪些问题？

？引导问题 27：润滑所用器具的管理要求是什么？

？引导问题 28：智能制造系统润滑管理中润滑油的使用有哪些注意事项？

小提示

润滑管理是根据润滑标准，采用润滑五定原则，对设备润滑业务进行管理，完成设备润滑工作，使设备保持良好的运转状态，从而减少设备磨损及其引起的故障，提高设备利用率。在对设备进行润滑油添加后，应严格按照《润滑油（脂）添加记录》进行记录。

| 项目 6　智能制造系统维护保养 | | 任务 21　智能制造系统日常维护 | |
|---|---|---|---|
| 姓名： | 班级： | 日期： | 检查页 |

## 检查验收

根据日常维护标准，按照验收标准对任务完成情况进行检查验收和评价，包括整齐性、润滑情况、点检情况等，并将验收问题及其整改措施、完成时间进行记录，并查看操作过程中的规范性，验收标准及评分表见表 21-14，验收过程问题记录表见表 21-15。

表 21-14　验收标准及评分表

| 序号 | 验收项目 | 验收标准 | 分值 | 教师评分 | 备注 |
|---|---|---|---|---|---|
| 1 | 整齐性 | 设备稳定；工具、工件、附件整齐放置；设备零部件及安全防护装置齐全；设备各标牌完善、干净；各线路、管道整齐、规范 | 15 | | |
| 2 | 清洁度 | 设备周围场地清洁，无积灰、积油、积水，无杂物；设备外表清洁，无锈斑，有光泽，各滑动面无油污；各部位不漏油、漏水、漏气、漏电 | 15 | | |
| 3 | 操作规范性 | 遵守设备操作规程和安全技术规程，按步骤执行维护保养项目，操作规范，无人身和设备事故；完成电气线路接地检查，确定绝缘良好；检查限位开关、挡块，应灵敏可靠；触摸屏指示网络连接正确 | 25 | | |
| 4 | 点检情况 | 点检的十大要素：压力、温度、流量、泄漏、润滑、异音、振动、龟裂、磨损、松弛均符合要求；点检项目全面，逐点记录；按照标准对达不到标准的点做出标记，加强维护；及时对点检记录进行分析，调整点检内容 | 25 | | |
| 5 | 润滑情况 | 机器人行走平台完成润滑；油标醒目；油箱、油池和冷却箱清洁，无杂质；油壶、油孔、油杯、油嘴齐全，油路畅通；符合“五定”润滑原则，按质、按量、按时加油或换油 | 20 | | |
| 合计 | | | 100 | | |

表 21-15　验收过程问题记录表

| 序号 | 验收问题记录 | 整改措施 | 完成时间 | 备注 |
|---|---|---|---|---|
| | | | | |
| | | | | |
| | | | | |
| | | | | |
| | | | | |
| | | | | |

| 项目 6　智能制造系统维护保养 | | 任务 21　智能制造系统日常维护 | |
|---|---|---|---|
| 姓名： | 班级： | 日期： | 评价页 |

## 评价反馈

各组介绍任务的完成过程并提交阐述材料，进行学生自评、学生组内互评、教师评价，完成考核评价表（见表 21-16）。

？引导问题 29：在本次任务完成过程中，给你印象最深的是哪件事？自己的职业能力有哪些明显提高？

？引导问题 30：你对智能制造系统日常维护了解了多少？还想继续学习关于智能制造系统日常维护的哪些内容？

表 21-16　考核评价表

| 评价项目 | 评价内容 | 分值 | 自评 20% | 互评 20% | 教师评价 60% | 合计 |
|---|---|---|---|---|---|---|
| 职业素养 40 分 | 爱岗敬业、规范意识、安全意识、责任意识 | 10 | | | | |
| | 积极参加任务活动，按时完成工作页 | 10 | | | | |
| | 团队合作、交流沟通能力、集体主义精神 | 10 | | | | |
| | 劳动纪律，职业道德 | 5 | | | | |
| | 现场 6S 标准，行为规范 | 5 | | | | |
| 专业能力 60 分 | 专业资料检索能力，设备损坏维护情况分析能力 | 10 | | | | |
| | 制订计划能力，严谨认真 | 10 | | | | |
| | 操作符合规范，精益求精 | 15 | | | | |
| | 工作效率，分工协作 | 10 | | | | |
| | 任务验收质量，质量意识 | 15 | | | | |
| 合计 | | 100 | | | | |
| 创新能力加分 20 分 | 创新性思维和行动 | 20 | | | | |
| 总计 | | 120 | | | | |
| 教师签名： | | | 学生签名： | | | |

| 项目 6　智能制造系统维护保养 | | 任务 21　智能制造系统日常维护 | |
|---|---|---|---|
| 姓名： | 班级： | 日期： | 知识页 |

**相关知识点：** 智能制造系统日常维护知识

## 一、智能制造系统日常维护的定义

智能制造系统管理是为了提高企业的生产能力和生产效率。对系统全过程所进行的工程技术活动主要包括调查、规划、设计、制造、安装、运转、维修、改造、改装直至报废。在系统全生命周期管理中，形成产线之前的阶段称为系统规划管理；形成产线之后的使用、运转、维修、改造、改装直至报废的阶段称为系统使用管理。其中，系统使用管理是设备全过程管理中持续时间最长、内容极为繁重的管理。

智能制造系统日常维护，是指为保持或恢复智能制造产线处于能执行规定功能的状态所进行的所有技术和管理行动，保障系统在良好状态下运行。

## 二、智能制造系统管理的要求

（一）设备技术状态完好

（二）设备维护保养管理制度

（三）设备操作维护规程

## 三、智能制造系统维护保养管理

设备维护保养是指通过擦拭、清扫、清洁、润滑、调整等一般方法对设备进行维护，以保持设备的工作性能和技术状况。设备维护保养的内容为日常维护保养、定期维护和专业保养三类。

（一）设备维护保养的五项要求

（二）设备维护保养的内容

## 四、智能制造系统设备点检管理

（一）点检管理的基本知识

（二）企业常用点检方式

（三）点检管理的要求

（四）点检管理方法

（五）点检管理原则

（六）点检实施流程

## 五、智能制造系统润滑管理

润滑管理即根据润滑标准，采用润滑五定原则，对设备润滑业务进行管理，完成设备润滑工作，使设备保持良好的运转状态，从而减少设备磨损及其引起的故障，提高设备利用率。

扫码看知识 21：

智能制造系统日常维护知识

# 项目 7

# 智能制造系统仿真软件的应用

| 项目 7　智能制造系统仿真软件的应用 | | 任务 22、任务 23 | |
|---|---|---|---|
| 姓名： | 班级： | 日期： | 项目页 |

## 项目导言

本项目以智能制造系统仿真技术应用为学习目标，通过数字化双胞胎仿真软件了解数字化仿真知识和学习数字化仿真软件的应用，针对各项学习任务给出了任务要求、学习目标、工作步骤（六步法）、评价方案、学习资料等工作要求和学习指导。

## 项目任务

1. 了解数字化仿真软件。
2. 掌握数字化仿真软件的应用。

## 项目学习摘要

# 任务 22　数字化仿真软件认知

| 项目 7　智能制造系统仿真软件的应用 | | 任务 22　数字化仿真软件认知 | |
|---|---|---|---|
| 姓名： | 班级： | 日期： | 任务页 1 |

## 学习任务描述

在智能制造系统中，数字化仿真技术被广泛使用。数字化双胞胎（Digital Twins）是指以数字化方式复制一个物理对象，模拟对象在现实环境中的行为，对产品、制造过程乃至整个工厂进行虚拟仿真，从而提高制造企业产品研发、制造的生产效率。本学习任务是使学生了解数字化仿真知识和认知数字化仿真软件。

## 学习目标

1）了解数字化仿真技术相关知识及其在我国的发展情况，培养民族自豪感。

2）了解数字化仿真软件的应用特点。

3）通过小组合作，制订数字化仿真软件认知学习工作计划，培养团队合作能力。

4）熟悉数字化仿真软件主界面的各功能。

5）掌握数字化仿真软件的导入，以及放置 DLIM-441 智能制造集成应用系统模型的方法，培养精益求精的工匠精神。

6）小组进行任务结果检查验收，解决数字化仿真软件认知过程中存在的问题，注重过程性评价、综合素养的提升和培养，提高学生发现问题、解决问题的能力。

## 任务书

通过信息查询、技术文件查看、软件操作获得数字化仿真技术发展和数字化仿真软件应用的相关知识。请启动数字化仿真软件，查看软件界面中各菜单栏内容，了解软件功能，导入并放置 DLIM-441 智能制造集成应用系统模型。

| 项目 7　智能制造系统仿真软件的应用 | | 任务 22　数字化仿真软件认知 | |
|---|---|---|---|
| 姓名： | 班级： | 日期： | 任务页 2 |

## 任务分组

将班级学生分组，可 4 ～ 8 人为一组，轮值安排组长，确保小组成员都能获得团队组织协调和管理能力的锻炼机会。各组任务可以相同或不同，明确每组的人员和任务分工，培养团队协作能力。学生任务分组表见表 22-1。

表 22-1　学生任务分组表

| 班级 | | 组号 | | 任务 | |
|---|---|---|---|---|---|
| 组长 | | 时间段 | | 指导教师 | |
| 姓名 | 学号 | 任务分工 | | | 备注 |
| | | | | | |
| | | | | | |
| | | | | | |
| | | | | | |
| | | | | | |
| | | | | | |
| | | | | | |
| | | | | | |

| 项目 7　智能制造系统仿真软件的应用 | | 任务 22　数字化仿真软件认知 | |
|---|---|---|---|
| 姓名： | 班级： | 日期： | 信息页 1 |

## 获取信息

? 引导问题 1：信息搜集，了解数字化双胞胎技术的发展过程。

? 引导问题 2：数字化双胞胎实现的两个必要条件是什么？

? 引导问题 3：查阅资料，了解目前数字化仿真软件有哪些？

? 引导问题 4：数字化仿真软件集成了哪些领域方面的知识？

? 引导问题 5：在工厂自动化的规划、工程实现过程中，使用数字化仿真软件的优点有哪些？

? 引导问题 6：数字化仿真软件有哪些应用方向？

? 引导问题 7：数字化仿真软件支持哪些编程语言？

? 引导问题 8：目前数字化双胞胎技术在哪些领域使用得最广泛？

### 小提示

观看零件加工智能制造系统案例的仿真视频，加深对数字化仿真软件的认识。利用网络资源了解数字化双胞胎技术及数字化仿真软件的发展情况。

数字化双胞胎包括产品数字化双胞胎、生产工艺流程数字化双胞胎和设备数字化双胞胎，各自的专业技术集成为一个数据模型，并将 PLM（产品生命周期管理软件）、MES（制造执行系统）和 TIA（全集成自动化）集成在 Teamcenter 数据平台下，供应商也可以根据需要被纳入平台，实现价值链数据的整合。

| 项目 7　智能制造系统仿真软件的应用 | | 任务 22　数字化仿真软件认知 | |
|---|---|---|---|
| 姓名： | 班级： | 日期： | 信息页 2 |

？引导问题 9：数字化仿真软件界面如图 22-1 所示，写出软件界面包含哪些模块？

？引导问题 10：写出数字化仿真软件界面软件菜单栏“添加”子菜单栏（见图 22-2）中子菜单所包含的功能。

？引导问题 11：数字化仿真软件支持哪些格式的三维建模软件的模型导入？

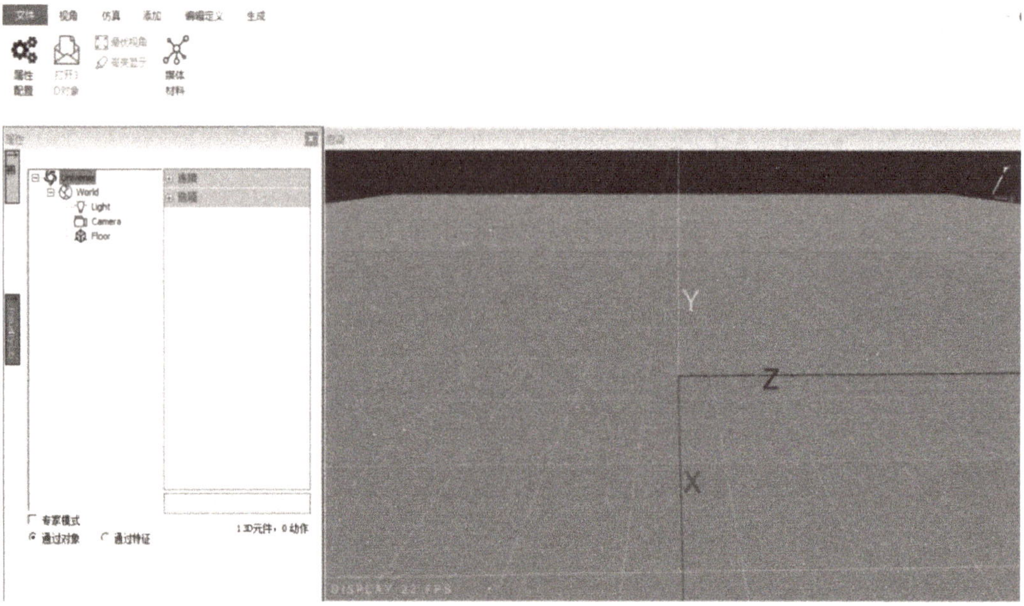


图 22-1　数字化仿真软件界面

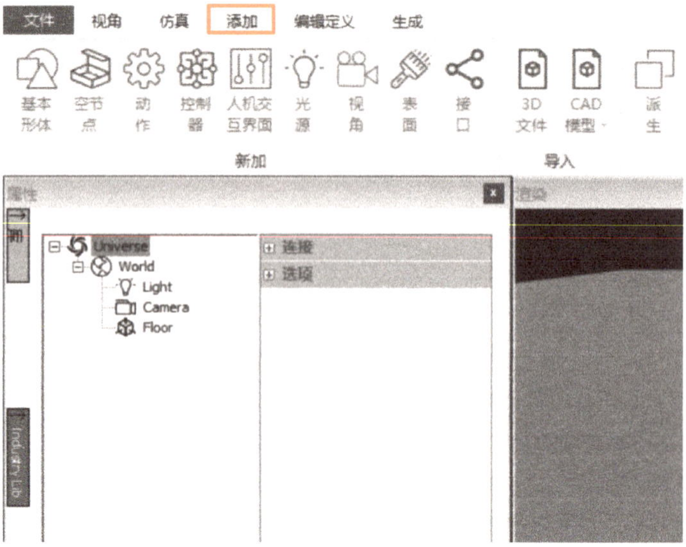


图 22-2　“添加”子菜单栏

| 项目 7　智能制造系统仿真软件的应用 | | 任务 22　数字化仿真软件认知 | |
|---|---|---|---|
| 姓名： | 班级： | 日期： | 计划页 |

## 工作计划

按照任务书要求和获取的信息，以小组为单位进行团队合作，讨论制订工作方案，包括数字化双胞胎技术认知、数字化仿真软件认知、在数字化仿真软件中导入并放置 DLIM-441 智能制造集成应用系统模型，完成数字化仿真软件认知工作计划，见表 22-2。

表 22-2　数字化仿真软件认知工作计划

| 步骤名称 | 工作内容 | 负责人 |
|---|---|---|
| | | |
| | | |
| | | |
| | | |
| | | |
| | | |
| | | |
| | | |
| | | |
| | | |

### 小提示

启动数字化仿真软件后，主 3D 渲染窗口下将会打开一个空的工程。在配置菜单中可以访问设置窗口与构建工程的工具。在仿真菜单中可以访问启动仿真和调试仿真的工具。媒体菜单中可以访问媒体管理器（Media Manager），它列出了 3D 仿真工程中使用到的所有媒体文件（3D 文件，位图），所有的这些文件都将自动保存在 3D 仿真工程文件中。使用文件菜单可以创建新工程、打开已有工程、保存和关闭工程。该菜单也提供了生成独立 3D 仿真器可执行文件和许可证书注册的入口。编辑菜单可以让用户撤销和重复当前工程的操作。

| 项目 7　智能制造系统仿真软件的应用 | | 任务 22　数字化仿真软件认知 | |
|---|---|---|---|
| 姓名： | 班级： | 日期： | 决策页 |

## 进行决策

对不同组员（或不同组别）的工作计划进行信息搜索方式、信息搜索范围、软件认知方案的对比、分析、论证，整合完善，形成小组决策，作为工作实施的依据。计划对比分析见表 22-3，数字化仿真软件认知决策方案见表 22-4。

表 22-3　计划对比分析

| 组员 | 计划中的优点 | 计划中的缺陷 | 优化方案 |
|---|---|---|---|
| | | | |
| | | | |
| | | | |
| | | | |
| | | | |
| | | | |
| | | | |
| | | | |

表 22-4　数字化仿真软件认知决策方案

| 步骤名称 | 工作内容 | 负责人 |
|---|---|---|
| | | |
| | | |
| | | |
| | | |
| | | |
| | | |
| | | |
| | | |
| | | |
| | | |

| 项目 7　智能制造系统仿真软件的应用 | | 任务 22　数字化仿真软件认知 | |
|---|---|---|---|
| 姓名： | 班级： | 日期： | 实施页 1 |

## 工作实施

按以下步骤实现数字化仿真软件的认知。

1）查找并了解数字化仿真技术的发展过程、数字化仿真软件应用领域、数字化仿真软件主要功能特点等知识内容，了解数字化双胞胎技术在国内的发展情况及所取得的成就。

2）数字化仿真软件认知步骤。

① 打开软件，逐项认知软件的六大菜单栏“文件”“视角”“仿真”“添加”“编辑定义”“生成”，以及其所包含的子菜单功能。数字化仿真软件菜单栏如图 22-3 所示。

② 以零件加工智能制造系统为例，将系统 3D 模型导入到数字化仿真软件中，如图 22-4 所示。

③ 利用鼠标，如图 22-5 所示，对软件场景进行控制。

④ 利用 3D 模型上的坐标轴，如图 22-6 所示，对 3D 模型进行移动和旋转，要求模型的位置移动和旋转精确到位，要求精益求精。

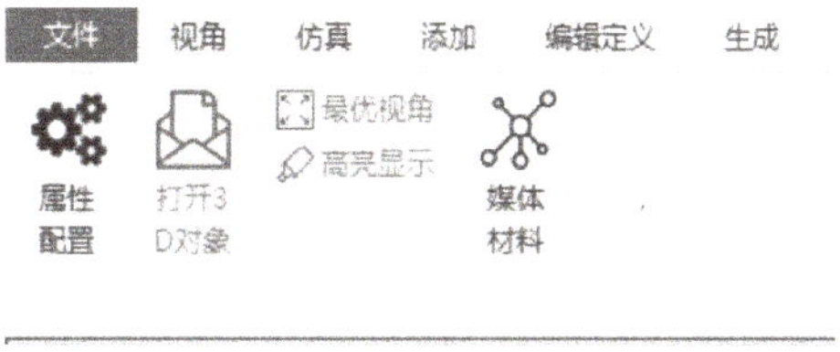


图 22-3　数字化仿真软件菜单栏

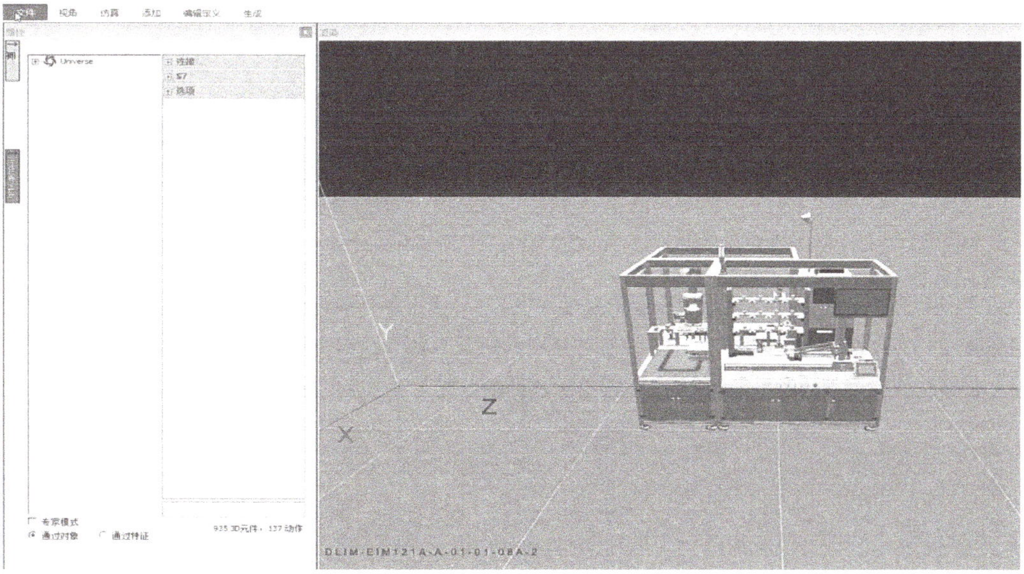


图 22-4　3D 模型导入

| 项目 7　智能制造系统仿真软件的应用 | | 任务 22　数字化仿真软件认知 | |
|---|---|---|---|
| 姓名： | 班级： | 日期： | 实施页 2 |

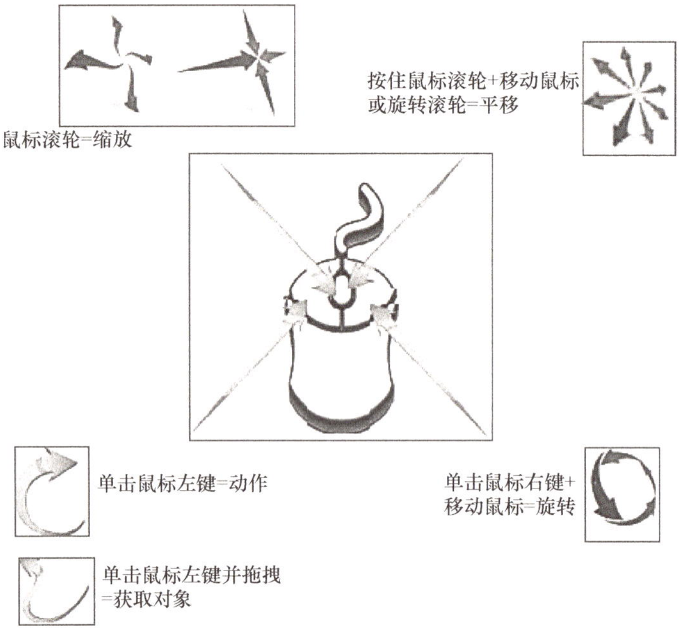


图 22-5　数字化仿真软件中鼠标对场景的操作

？引导问题 12：当软件的配置菜单关闭时，如何调出配置菜单？其快捷键是什么？

？引导问题 13：在导入 3D 模型到仿真软件中时，比例因子如何设置，设置不同的比例因子有何异同？

？引导问题 14：导入 3D 模型到仿真软件中后，如何快速查看模型局部位置？

？引导问题 15：若导入的 3D 模型倒置在场景面上，应如何调整？

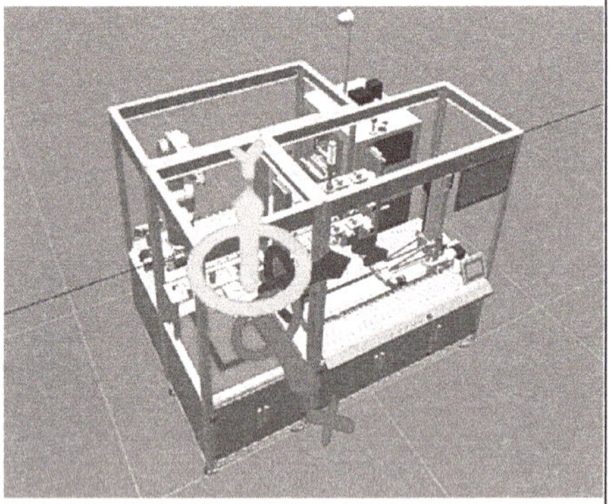

图 22-6　数字化仿真软件中 3D 模型坐标轴

**小提示**

在默认设置下，可以使用鼠标来完成仿真过程中 3D 环境下的导航以及与 3D 物体的交互。关闭仿真并打开设置窗口时，在 3D 渲染窗口的中心位置将会显示一个（*X*，*Y*，*Z*）轴系统（全局轴系统）。而对于用鼠标选中的或树状列表下的 3D 子画面中，也会显示这种轴系统（本地轴系统）。

| 项目 7　智能制造系统仿真软件的应用 | | 任务 22　数字化仿真软件认知 | |
|---|---|---|---|
| 姓名： | 班级： | 日期： | 检查页 |

## 检查验收

根据数字化仿真软件认知工作情况，按照验收标准对任务完成情况进行检查验收和评价，包括数字化仿真软件应用领域和软件主要功能特点等信息的搜集情况，软件六大菜单栏认知情况，在软件中导入 3D 模型情况，利用鼠标对软件场景控制情况，利用 3D 模型上的坐标轴对 3D 模型进行移动和旋转情况等，并将验收问题及其整改措施、完成时间进行记录，力求做到结果的精益求精。验收标准及评分表见表 22-5，验收过程问题记录表见表 22-6。

表 22-5　验收标准及评分表

| 序号 | 验收项目 | 验收标准 | 分值 | 教师评分 | 备注 |
|---|---|---|---|---|---|
| 1 | 数字化仿真软件应用的信息收集 | 两大应用领域 | 15 | | |
| 2 | 数字化仿真软件功能的信息收集 | 十大功能特点 | 25 | | |
| 3 | 数字化仿真软件的六个功能菜单栏认知 | 能熟知各个子菜单功能在哪个菜单栏 | 20 | | |
| 4 | 3D 模型的导入 | 能正确导入指定的 3D 模型 | 25 | | |
| 5 | 利用鼠标对软件场景控制 | 能自由流畅地缩放、平移、旋转软件场景 | 15 | | |
| 合计 | | | 100 | | |

表 22-6　验收过程问题记录表

| 序号 | 验收问题记录 | 整改措施 | 完成时间 | 备注 |
|---|---|---|---|---|
| | | | | |
| | | | | |
| | | | | |
| | | | | |
| | | | | |
| | | | | |

| 项目 7　智能制造系统仿真软件的应用 | | 任务 22　数字化仿真软件认知 | |
|---|---|---|---|
| 姓名： | 班级： | 日期： | 评价页 |

## 评价反馈

各组展示任务完成情况，介绍任务的完成过程并提交阐述材料，进行学生自评、学生组内互评、教师评价，完成考核评价表，直观展现学生的职业素养、专业能力、创新能力和团队合作能力。考核评价表见表 22-7。

？引导问题 16：通过本次任务的完成，你觉得数字化仿真软件的优势有哪些？

？引导问题 17：你对数字化仿真软件了解了多少？自己的专业认识和职业素养有了哪些提高？

表 22-7　考核评价表

| 评价项目 | 评价内容 | 分值 | 自评 20% | 互评 20% | 教师评价 60% | 合计 |
|---|---|---|---|---|---|---|
| 职业素养 40 分 | 爱岗敬业、安全意识、责任意识、服从意识 | 10 | | | | |
| | 积极参加任务活动，按时完成工作页 | 10 | | | | |
| | 团队合作、交流沟通能力、集体主义精神 | 10 | | | | |
| | 劳动纪律，职业道德 | 5 | | | | |
| | 现场 6S 标准，行为规范 | 5 | | | | |
| 专业能力 60 分 | 专业资料检索能力，中外品牌分析能力 | 10 | | | | |
| | 制订计划能力，严谨认真 | 10 | | | | |
| | 操作符合规范，精益求精 | 15 | | | | |
| | 工作效率，分工协作 | 10 | | | | |
| | 任务验收质量，质量意识 | 15 | | | | |
| 合计 | | 100 | | | | |
| 创新能力 加分 20 分 | 创新性思维和行动 | 20 | | | | |
| 总计 | | 120 | | | | |
| 教师签名： | | | 学生签名： | | | |

| 项目 7　智能制造系统仿真软件的应用 | | 任务 22　数字化仿真软件认知 | |
|---|---|---|---|
| 姓名： | 班级： | 日期： | 知识页 |

## 相关知识点：数字化双胞胎技术简介

### 一、数字化双胞胎的定义

数字化双胞胎（Digital Twins，数字孪生），是指以数字化方式复制一个物理对象，模拟对象在现实环境中的行为，对产品、制造过程乃至整个工厂进行虚拟仿真，从而提高制造企业产品研发、制造的生产效率。

### 二、数字化双胞胎技术的发展历史

### 三、数字化双胞胎技术的国内现状

目前，中国制造业正处于转型升级的关键时期，通过物联网、大数据、人工智能和实体经济的深度融合，使得中国制造竞争力得到大幅提升。数字化双胞胎可结合物联网的数据采集、大数据处理和人工智能建模分析，实现对过去发生问题的诊断、当前状态的评估及未来趋势的预测，并给予分析结果，模拟各种可能性，提供更全面的决策支持。

### 四、数字化双胞胎体系框架

智能制造领域的数字孪生体系框架主要分为六个层级，包括基础支撑层、数据互动层、模型构建层、仿真分析层、功能实现层和场景应用层。

扫码看知识 22：

数字化双胞胎技术简介

扫码看视频 8：

了解数字化双胞胎

扫码看视频 9：

数字化双胞胎技术软件介绍

# 任务 23　数字化仿真软件使用

| 项目 7　智能制造系统仿真软件的应用 | | 任务 23　数字化仿真软件使用 | |
|---|---|---|---|
| 姓名： | 班级： | 日期： | 任务页 1 |

## 学习任务描述

数字化仿真软件在智能制造系统的研发、制造、生产过程中具有重要意义，本学习任务要求学生了解数字化仿真软件 I/O 地址的映射（以零件加工智能制造系统为例）、PLC 与数字化仿真软件的通信连接、PLC 与数字化仿真软件联调、工业机器人与数字化仿真软件通信连接、工业机器人与数字化仿真软件联调等数字化仿真软件的应用，通过任务的学习与实践逐步培养学生的技术技能，培养工匠人才。

## 学习目标

1）通过小组合作，制定数字化仿真软件使用工作计划，提高团队合作能力。

2）掌握数字化仿真软件 I/O 地址映射操作方法，并培养严谨、认真的职业素养。

3）掌握 PLC 与数字化仿真软件的通信连接方法，提高专业能力。

4）掌握 PLC 与数字化仿真软件联调的操作方法，培养精益求精的工匠精神。

5）掌握工业机器人与数字化仿真软件的通信连接方法，提高创新能力。

6）掌握工业机器人与数字化仿真软件联调的操作方法，提高实践能力。

7）小组进行任务结果检查验收，解决数字化仿真软件使用过程中存在的问题，培养发现问题、解决问题的能力。

## 任务书

请使用数字化仿真软件进行数字化仿真软件 I/O 地址映射，实现 PLC 与数字化仿真软件通信的连接，进行 PLC 与数字化仿真软件的联调。进行工业机器人与数字化仿真软件通信连接，工业机器人与数字化仿真软件的联调。

| 项目 7　智能制造系统仿真软件的应用 | | 任务 23　数字化仿真软件使用 | |
|---|---|---|---|
| 姓名： | 班级： | 日期： | 任务页 2 |

## 任务分组

将班级学生分组，可 4 ～ 8 人为一组，轮值安排组长，确保小组成员都能获得团队组织协调和管理能力的锻炼机会。各组任务可以相同或不同，明确每组的人员和任务分工，培养团队协作能力。学生任务分组表见表 23-1。

表 23-1　学生任务分组表

| 班级 | | 组号 | | 任务 | |
|---|---|---|---|---|---|
| 组长 | | 学号 | | 指导教师 | |
| 组员 | 学号 | 任务分工 | | | 备注 |
| | | | | | |
| | | | | | |
| | | | | | |
| | | | | | |
| | | | | | |
| | | | | | |
| | | | | | |
| | | | | | |

| 项目 7　智能制造系统仿真软件的应用 | | 任务 23　数字化仿真软件使用 | |
|---|---|---|---|
| 姓名： | 班级： | 日期： | 信息页 |

## 获取信息

? 引导问题 1：自主学习一款主流的三维建模软件，了解三维模型格式种类。

? 引导问题 2：查阅技术文件，获取零件加工智能制造系统 PLC 信号列表。

? 引导问题 3：数字化仿真软件支持哪些品牌的 PLC 通信？

? 引导问题 4：数字化仿真软件自带哪些品牌的工业机器人库？

? 引导问题 5：数字化仿真软件支持哪些类型的控制端通信？

? 引导问题 6：通过资料的查询，详细了解数字化仿真软件物理仿真引擎所包含的具体信息。

? 引导问题 7：如何在数字化仿真软件中将 I/O 信号与对应的模型动作关联？

? 引导问题 8：为什么完成数字化仿真软件 I/O 地址映射后，就能用 PLC 信号控制数字化仿真软件中模型的运动？

? 引导问题 9：PLC 与数字化仿真软件通过什么方式进行连接？

? 引导问题 10：在进行工业机器人与数字化仿真软件联调前，需要了解的信息有哪些？

**小提示**

1）数字化仿真软件能够兼容绝大多数市场主流的 PLC 品牌，并且提供若干类型的驱动（用于不同的 PLC 通信协议）。一旦选择了“驱动”，在驱动标签下就可以设置对应的连接（PLC 的 IP 地址、OPC 服务器名、机架上 CPU 的位置）选项。

2）数字化仿真软件是一款创新的三维建模与仿真软件。借助可复用和可融合的 CAD 模型，它能够快速地创建出自动化系统的三维交互式仿真。利用数字化仿真软件，工业装备和自动化系统的设计者就能够在逼真并且交互式的三维虚拟环境下测试他们的产品，并实时模拟设备行为。通过连接三维仿真器与外部控制器，如 PLC 或嵌入式虚拟控制器，利用数字化仿真软件，就能够在完全虚拟的环境下再现设备或机器在真实世界中的工作情况。

| 项目 7　智能制造系统仿真软件的应用 | | 任务 23　数字化仿真软件使用 | |
|---|---|---|---|
| 姓名： | 班级： | 日期： | 计划页 |

## 工作计划

按照任务书要求和获取的信息，以小组为单位进行团队合作，制订数字化仿真软件使用的工作计划，包括硬件、软件准备，工艺流程安排，检查调试等工作内容和步骤。方案需要考虑到绿色、集约等要素。数字化仿真软件使用工作计划见表 23-2。

表 23-2　数字化仿真软件使用工作计划

| 步骤 | 工作内容 | 负责人 |
|---|---|---|
| | | |
| | | |
| | | |
| | | |
| | | |
| | | |
| | | |
| | | |

| 项目 7 智能制造系统仿真软件的应用 | | 任务 23 数字化仿真软件使用 | |
|---|---|---|---|
| 姓名： | 班级： | 日期： | 决策页 |

## 进行决策

对不同组员（或不同组别）的工作计划进行数字化仿真软件使用方案的对比、分析、论证，整合完善，形成小组决策，作为工作计划实施的依据。计划对比分析见表 23-3，数字化仿真软件使用决策方案见表 23-4。

表 23-3 计划对比分析

| 组员 | 计划中的优点 | 计划中的缺陷 | 优化方案 |
|---|---|---|---|
| | | | |
| | | | |
| | | | |
| | | | |
| | | | |
| | | | |
| | | | |
| | | | |

表 23-4 数字化仿真软件使用决策方案

| 步骤名称 | 工作内容 | 负责人 |
|---|---|---|
| | | |
| | | |
| | | |
| | | |
| | | |
| | | |
| | | |
| | | |

| 项目 7　智能制造系统仿真软件的应用 | | 任务 23　数字化仿真软件使用 | |
|---|---|---|---|
| 姓名： | 班级： | 日期： | 实施页 1 |

## 工作实施

完成数字化仿真软件 I/O 地址映射（以零件加工智能制造系统为例），PLC 与数字化仿真软件通信连接，PLC 与数字化仿真软件联调，工业机器人与数字化仿真软件通信连接，工业机器人与数字化仿真软件联调等内容。通过工作的实施培养精益求精、吃苦耐劳、团结协作的大国工匠精神。具体实施步骤如下。

**1. 数字化仿真软件 I/O 地址映射操作步骤**

1）在数字化仿真软件的属性设置对话框中找到 IO list，找到对应的传感器及控制信号。

2）在 IO list 下选择要关联的 PLC 变量信号。

3）在软件连接菜单栏下根据设置的通信方式填写通信地址，如西门子 PLC，在 S7 变量栏中填写对应的西门子 PLC 的控制 I/O 变量地址，如图 23-1 所示。

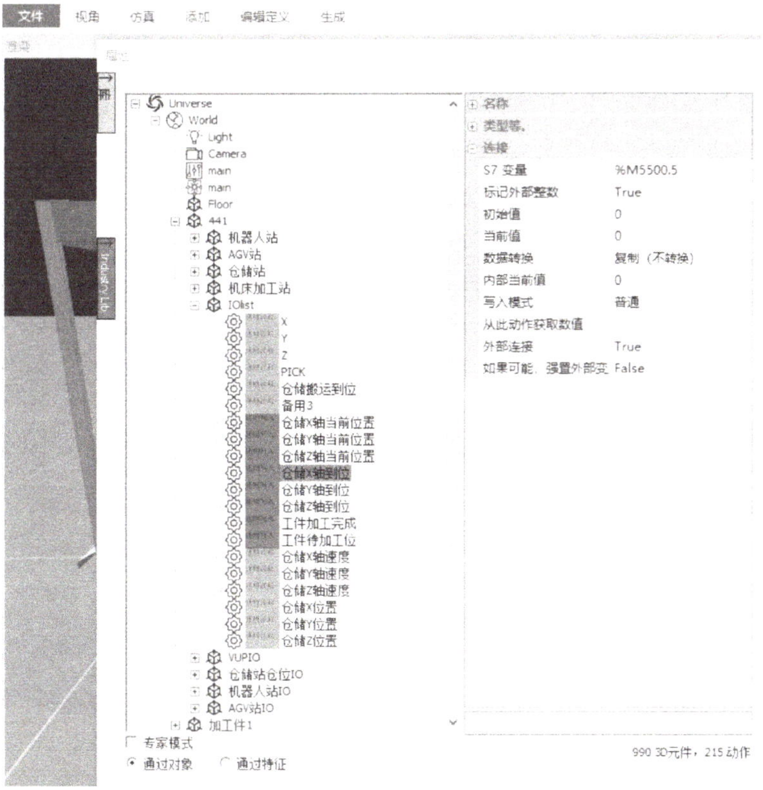


图 23-1　数字化仿真软件 I/O 地址映射设置

？引导问题 11：IO list 中传感器及控制信号标为绿色（绿色如上下两端）的和红色（红色如中段）的有什么区别？

？引导问题 12：在连接菜单栏中填写 S7 变量时，变量名的格式填写应注意什么？

| 项目 7　智能制造系统仿真软件的应用 | | 任务 23　数字化仿真软件使用 | |
|---|---|---|---|
| 姓名： | 班级： | 日期： | 实施页 2 |

2. PLC 与数字化仿真软件连接操作步骤

1）以西门子 S7-1200 系列 PLC 为例，打开博途软件，创建项目后设置 IP 地址。

2）在 CPU 连接机制中，勾选“允许来自远程对象的 PUT/GET 通信访问”。

3）单击博途软件 PLC 仿真按钮，进行 PLC 的仿真。

4）打开计算机的网络适配器，添加一个通信 IP 通道。

5）以管理员权限打开 NetToPLCsim，出现 Warning 提示框，单击“是”按钮，加载完成后单击“OK”按钮；然后单击“Add”按钮即可添加 PLC 的 IP 地址。

6）单击 Network IP Address 新添加的 IP 地址通道，然后单击“Plcsim IP Address”选择仿真 PLC 的 IP 地址。

7）配置完成后，单击软件 Start Sever。

8）打开数字化仿真软件，在左侧导航栏顶级菜单栏中选择连接驱动“西门子 S7 PLC”，IP 地址输入 NetToPlcsim 中 Network Address 中的 IP 地址。

9）打开数字化仿真软件，单击菜单栏中的仿真按钮，单击运行播放，可在连接菜单栏看到连接状态为“已连接”，连接质量的值随时变化，如图 23-2 所示。

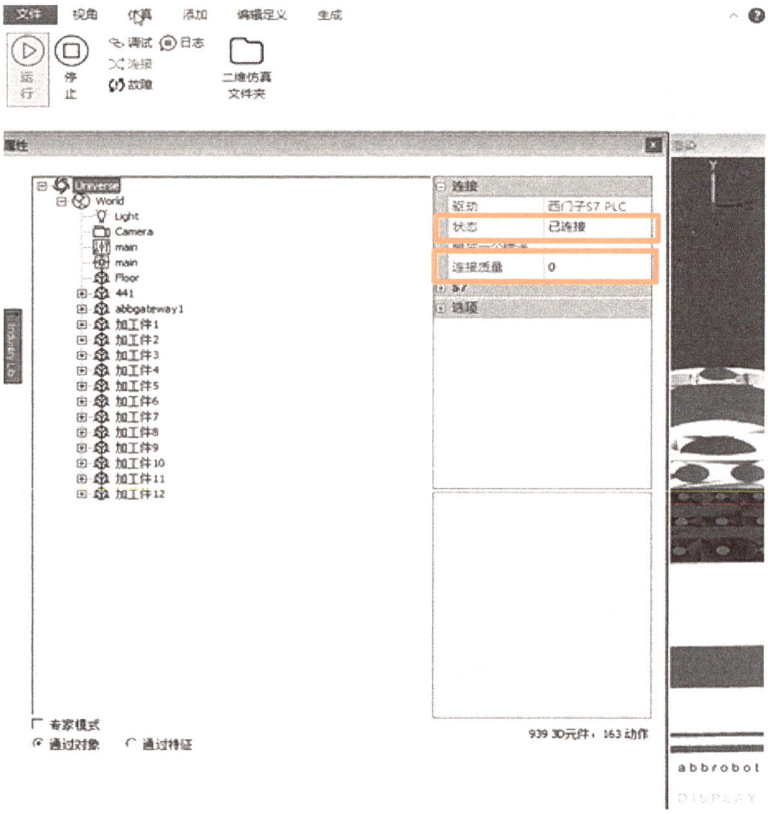


图 23-2　数字化仿真软件与西门子 S7 PLC 连接状态显示

| 项目 7　智能制造系统仿真软件的应用 | | 任务 23　数字化仿真软件使用 | |
|---|---|---|---|
| 姓名： | 班级： | 日期： | 实施页 3 |

10）在博途软件中打开虚拟调试，在监控表中置位复位信号，控制数字化仿真软件中数控加工站机床门模型的运动，观察其运行效果。

11）将信号置为“True”时，数字化仿真软件中的机床门模型运动，如图 23-3 所示。

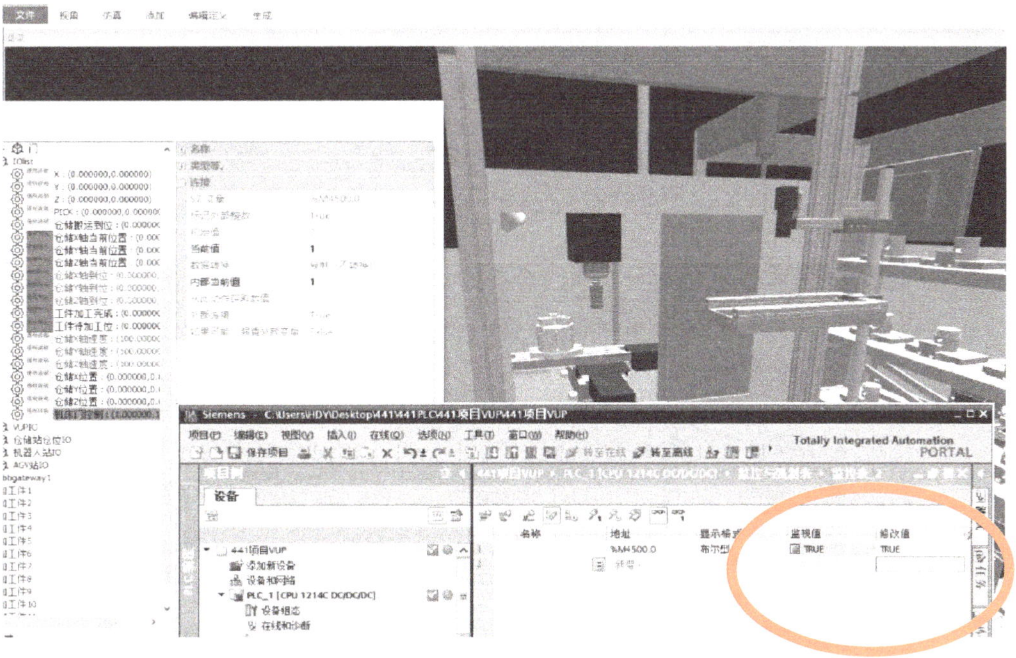


图 23-3　PLC 信号控制数字化仿真软件中机床门模型的运动

？引导问题 13：在进行 PLC 与数字化仿真软件连接设置时，需要将博途软件“常规”选项中“连接机制”的什么内容勾选上？

### 3. PLC 与数字化仿真软件联调

以智能仓储站中三轴机械手 *X* 轴行走直线模组的运动为例，按照预定的移动方向、位置与移动速度在博途软件中进行 PLC 程序编程，并与数字化仿真软件联调。

1）前期准备，设置数字化仿真软件和博途软件中三轴机械手的工艺参数。

2）编写 PLC 控制程序，如图 23-4 所示。

3）按要求在 PLC 程序中设置 *X* 轴行走直线模组移动方向、位置与移动速度等参数。

4）在博途软件中进行程序仿真，同时运行数字化仿真软件，观察数字化仿真软件 *X* 轴行走直线模组运动情况，如图 23-5 所示。

？引导问题 14：在数字化仿真软件中，仿真结束后如何复位三轴机械手的位置？

？引导问题 15：如果想使三轴机械手在 *Y* 轴方向移动，应如何在博途软件中编程？

| 项目 7　智能制造系统仿真软件的应用 | | 任务 23　数字化仿真软件使用 | |
| --- | --- | --- | --- |
| 姓名： | 班级： | 日期： | 实施页 4 |

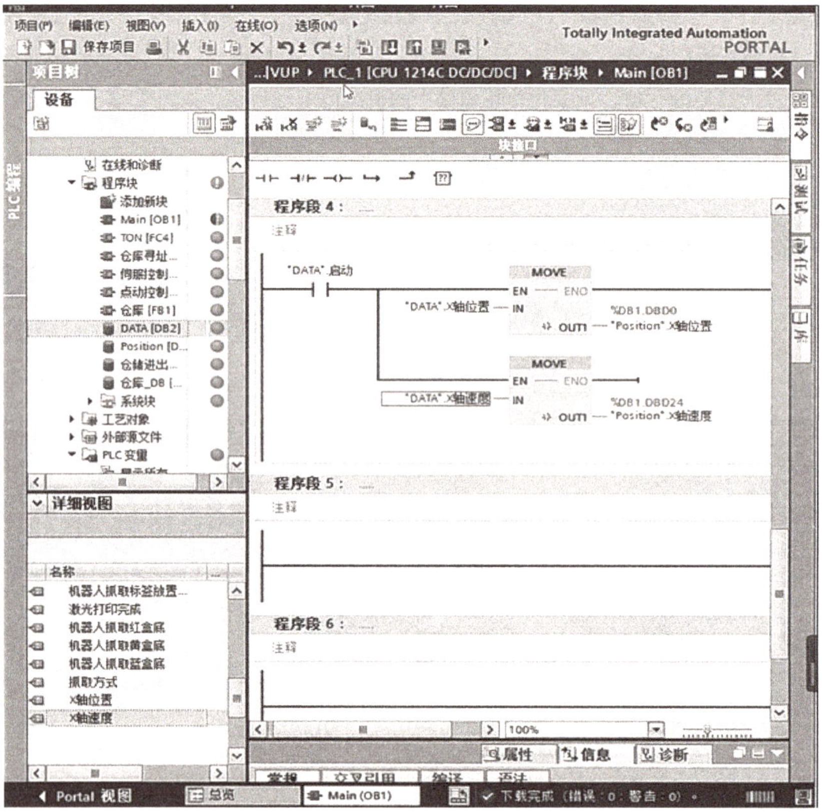


图 23-4　PLC 程序的编写

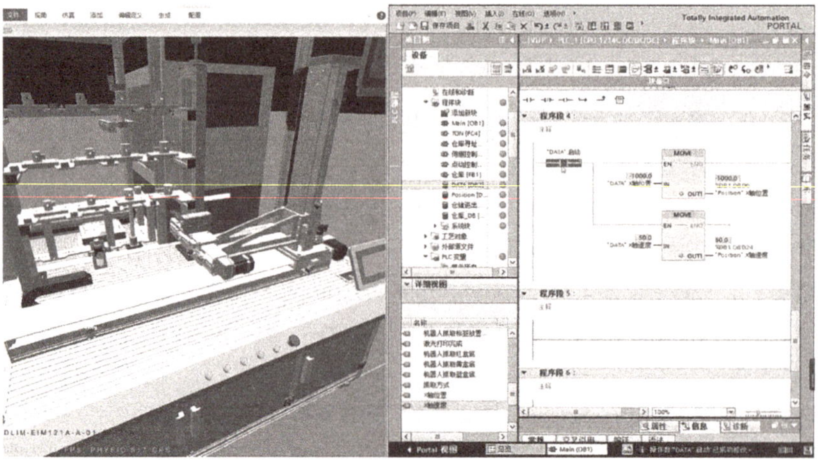

图 23-5　PLC 与数字化仿真软件联调

| 项目 7　智能制造系统仿真软件的应用 | | 任务 23　数字化仿真软件使用 | |
|---|---|---|---|
| 姓名： | 班级： | 日期： | 实施页 5 |

#### 4. 工业机器人与数字化仿真软件通信连接

工业机器人离线编程软件中的虚拟机器人与数字化仿真软件中的机器人（以库卡机器人为例）进行通信连接，需要用到的软件有：KUKAVARPROXY、库卡 OfficeLite、数字化仿真软件。具体步骤如下：

1）打开 VMware Workstation 软件，运行库卡机器人虚拟控制系统，打开库卡机器人虚拟示教器 OfficeLite。

2）查看虚拟控制器的 IP 地址（例如，192.168.17.128），地址作为数字化仿真软件与虚拟机器人通信连接的 IP 地址。

3）打开 VMware 中的虚拟系统软件 KUKAVARPROXY，勾选“Debug”。

4）打开数字化仿真软件，单击菜单栏中的仿真按钮，单击运行播放，系统此时会自动弹出运行画面，输入 VMware 虚拟控制器中库卡机器人的 IP 地址。

5）机器人 IP 地址输入正确后，运行界面出现数据流，数字化仿真软件中的库卡机器人就与 VMware 中的机器人连接成功，如图 23-6 所示。

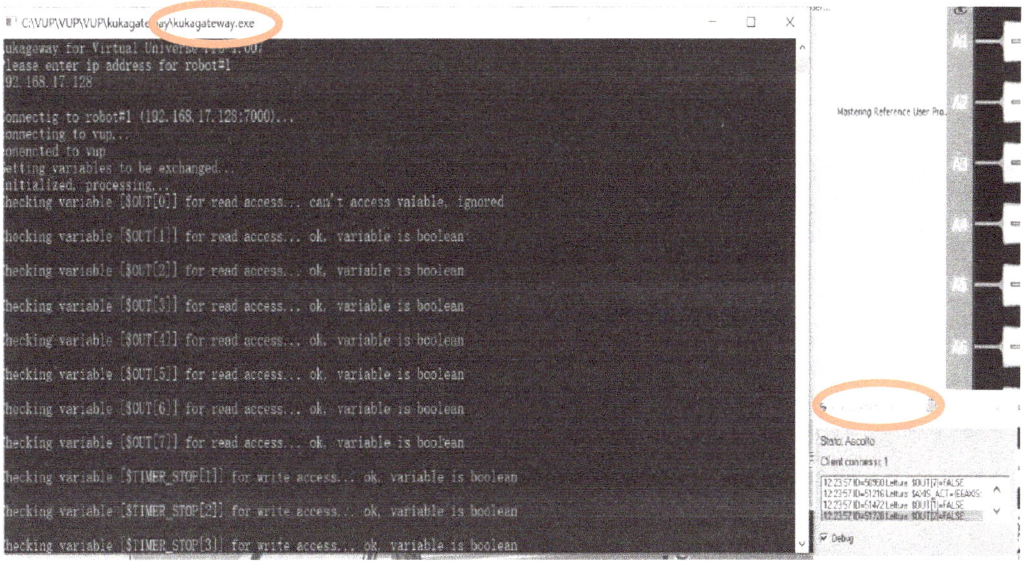


图 23-6　运行界面出现数据流

6）如图 23-7 所示，利用虚拟示教器的控制按钮控制数字化仿真软件中库卡机器人的运动。

真实工业机器人与数字化仿真软件连接步骤如下：

用网线将数字化双胞胎技术应用平台设备与真实机器人控制器连接，实现虚拟机器人与真实机器人虚实联动，如图 23-8 所示。

| 项目 7　智能制造系统仿真软件的应用 | | 任务 23　数字化仿真软件使用 | |
|---|---|---|---|
| 姓名： | 班级： | 日期： | 实施页 6 |

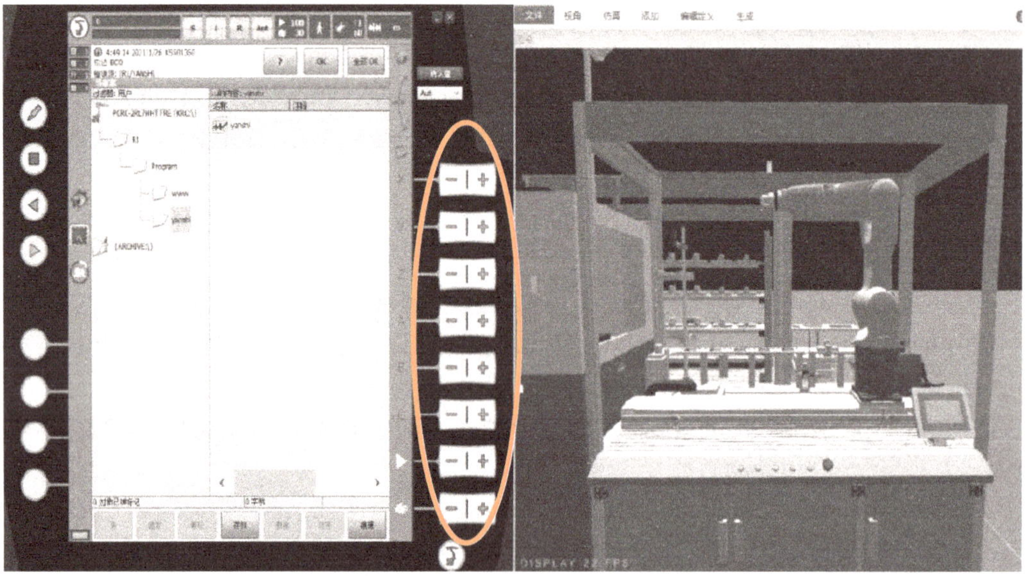

图 23-7　工业机器人虚拟示教器控制界面与数字化仿真软件界面场景

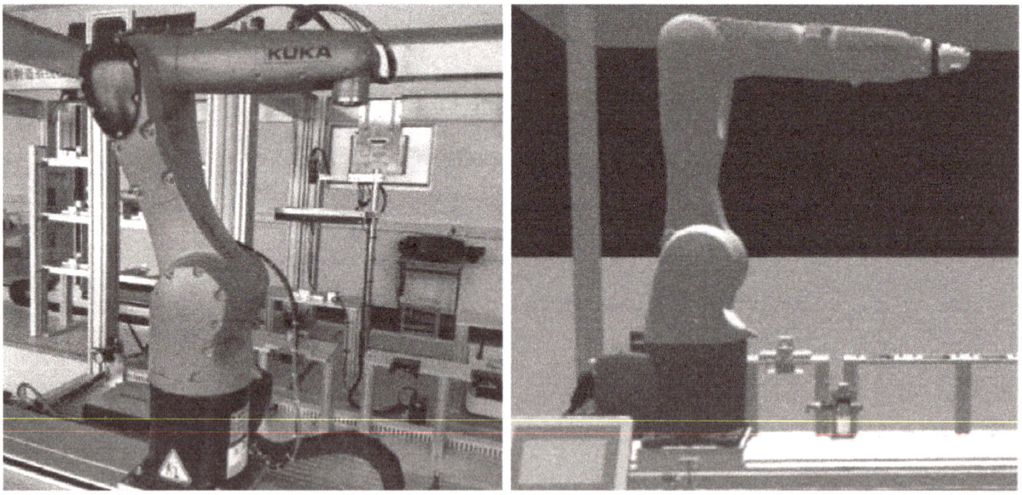


图 23-8　库卡机器人虚实联动

**注意：**在用数字化仿真软件编写的工业机器人程序与真实的工业机器人程序通用。只需将编写好的 .dat 文件和 .src 文件复制到对应的真实机器人控制器中即可，如图 23-9 所示。

| 项目 7　智能制造系统仿真软件的应用 | | 任务 23　数字化仿真软件使用 | |
| --- | --- | --- | --- |
| 姓名： | 班级： | 日期： | 实施页 7 |

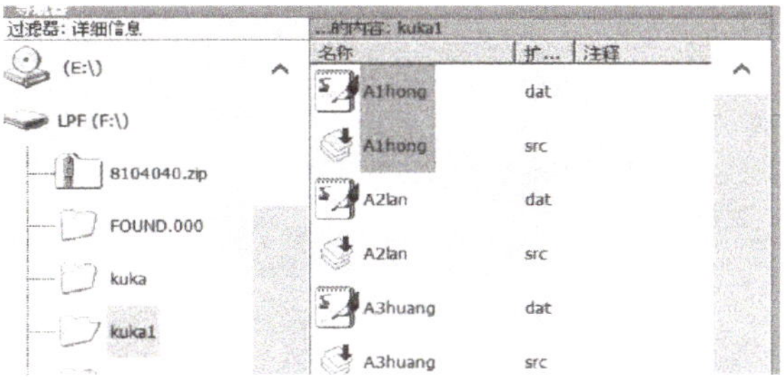


图 23-9　库卡机器人 .dat 文件和 .src 文件

**5. 工业机器人与数字化仿真软件联调**

以编写一段简单的工业机器人运动轨迹为例，在库卡机器人虚拟示教器上进行运动轨迹编程，使数字化仿真软件中的库卡机器人能根据程序再现运动轨迹。具体步骤如下：

1）前期操作，将库卡机器人与数字化仿真软件通信连接成功。

2）设置库卡机器人虚拟示教器权限为管理员权限，如图 23-10 所示。

3）新建编程模块，添加运动指令，更改运动指令速度、工具坐标系、工件坐标系等参数。

4）示教目标点位，完成工业机器人运动指令的编写与点位示教。

5）将库卡机器人与数字化仿真软件联调，如图 23-11 所示。

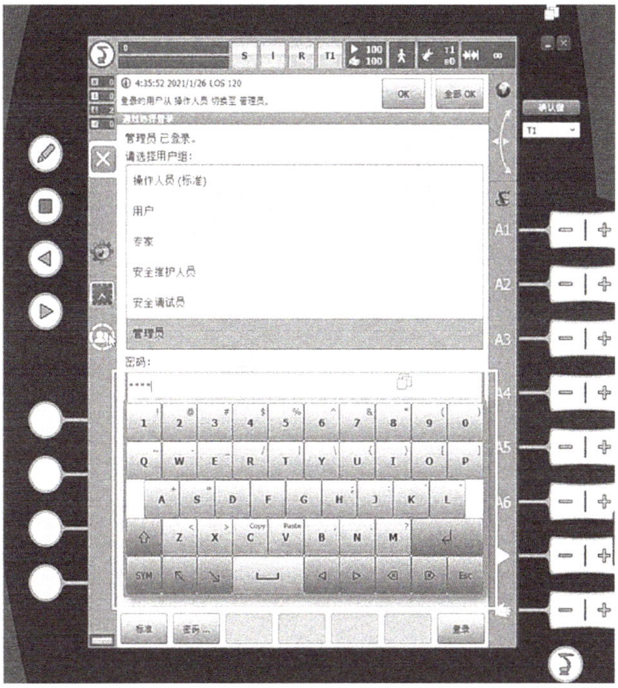


图 23-10　操作权限设置

| 项目 7　智能制造系统仿真软件的应用 | | 任务 23　数字化仿真软件使用 | |
|---|---|---|---|
| 姓名： | 班级： | 日期： | 实施页 8 |

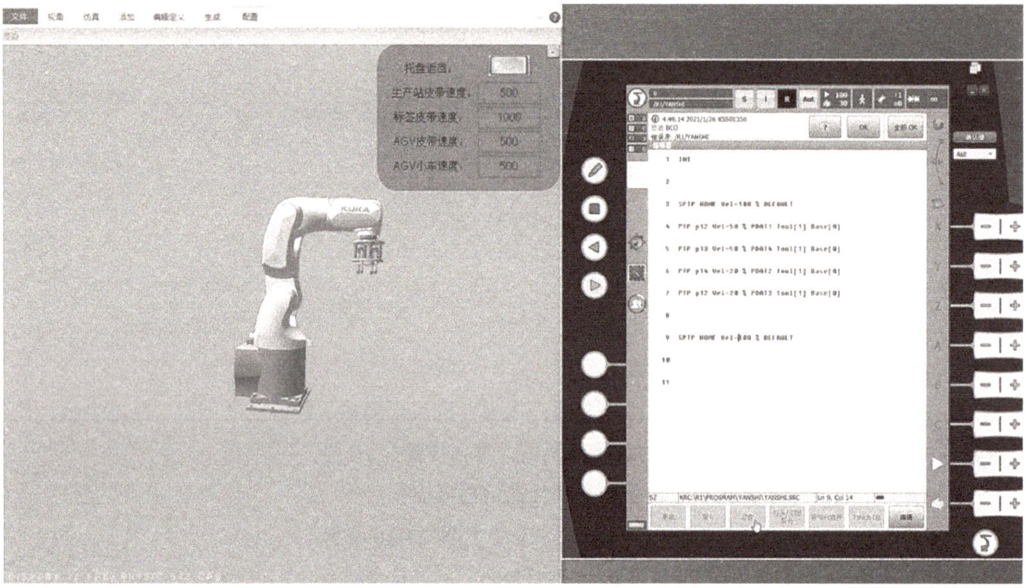


图 23-11　库卡机器人与数字化仿真软件联调

？引导问题 16：在利用虚拟示教器按键移动工业机器人时，想要保证工业机器人末端执行器的姿态不发生变化，应如何操作？

？引导问题 17：工业机器人运动编程时，何时用 PTP 指令？何时用 LIN 指令？

| 项目 7　智能制造系统仿真软件的应用 | | 任务 23　数字化仿真软件使用 | |
|---|---|---|---|
| 姓名： | 班级： | 日期： | 检查页 |

## 检查验收

根据数字化仿真软件与 PLC 和工业机器人的连接与联调结果，按照验收标准对任务完成情况进行检查验收和评价，包括数字化仿真软件 I/O 地址正确映射、PLC 与数字化仿真软件通信成功连接，PLC 与数字化仿真软件成功联调，工业机器人与数字化仿真软件通信成功连接，工业机器人与数字化仿真软件成功联调等，并将验收问题及其整改措施、完成时间进行记录，力求做到结果的精益求精。验收标准及评分表见表 23-5，验收过程问题记录表见表 23-6。

表 23-5　验收标准及评分表

| 序号 | 验收项目 | 验收标准 | 分值 | 教师评分 | 备注 |
|---|---|---|---|---|---|
| 1 | 数字化仿真软件 I/O 地址映射 | 根据信号列表正确完成数字化仿真软件与 PLCI/O 变量的地址映射 | 15 | | |
| 2 | PLC 与数字化仿真软件通信连接 | 实现 PLC 信号控制数字化仿真软件中机床门模型的运动 | 25 | | |
| 3 | PLC 与数字化仿真软件联调 | 实现立体仓储中三轴机械手 $X$ 轴行走直线模组的运动 | 20 | | |
| 4 | 工业机器人与数字化仿真软件通信连接 | 能利用虚拟示教器控制数字化仿真软件中工业机器人的运动 | 25 | | |
| 5 | 工业机器人与数字化仿真软件联调 | 虚拟示教器中编写的工业机器人运动程序能在数字化仿真软件中工业机器人上再现 | 15 | | |
| 合计 | | | 100 | | |

表 23-6　验收过程问题记录表

| 序号 | 验收问题记录 | 整改措施 | 完成时间 | 备注 |
|---|---|---|---|---|
| | | | | |
| | | | | |
| | | | | |
| | | | | |
| | | | | |

？引导问题 18：在 PLC 与数字化仿真软件通信连接中，若 PLC 信号未能控制机床门的运动，应如何查错？

### 小提示

数字化仿真软件在仿真过程中会不断进行仿真诊断。如果在开始时或仿真过程中出现问题，将会弹出一个列有确定问题的信息窗口，同时会弹出第二个窗口，提示用户停止仿真（以纠正问题）或继续仿真。

| 项目 7　智能制造系统仿真软件的应用 | | 任务 23　数字化仿真软件使用 | |
|---|---|---|---|
| 姓名： | 班级： | 日期： | 评价页 |

## 评价反馈

各组展示任务完成情况，介绍任务的完成过程并提交阐述材料，进行学生自评、学生组内互评、教师评价，完成考核评价表，直观展现学生职业素养、专业能力、创新能力和团队合作能力。考核评价表见表 23-7。

？引导问题 19：完成任务过程中，给你印象最深的是哪件事？自己的职业能力有哪些明显提高？

？引导问题 20：本次数字化仿真软件使用任务中各部分内容的学习掌握情况如何？还想继续学习数字化仿真软件使用的哪些内容？

表 23-7　考核评价表

| 评价项目 | 评价内容 | 分值 | 自评 20% | 互评 20% | 教师评价 60% | 合计 |
|---|---|---|---|---|---|---|
| 职业素养 40 分 | 爱岗敬业、安全意识、责任意识、服从意识 | 10 | | | | |
| | 积极参加任务活动，按时完成工作页 | 10 | | | | |
| | 团队合作、交流沟通能力、集体主义精神 | 10 | | | | |
| | 劳动纪律，职业道德 | 5 | | | | |
| | 现场 6S 标准，行为规范 | 5 | | | | |
| 专业能力 60 分 | 专业资料检索能力，中外品牌分析能力 | 10 | | | | |
| | 制订计划能力，严谨认真 | 10 | | | | |
| | 操作符合规范，精益求精 | 15 | | | | |
| | 工作效率，分工协作 | 10 | | | | |
| | 任务验收质量，质量意识 | 15 | | | | |
| 合计 | | 100 | | | | |
| 创新能力 加分 20 分 | 创新性思维和行动 | 20 | | | | |
| 总计 | | 120 | | | | |
| 教师签名： | | | 学生签名： | | | |

| 项目 7　智能制造系统仿真软件的应用 | | 任务 23　数字化仿真软件使用 | |
|---|---|---|---|
| 姓名： | 班级： | 日期： | 知识页 |

**相关知识点：**数字化仿真软件使用知识

## 一、数字化仿真软件虚拟模型搭建

数字化仿真软件主要面向工业自动化领域。借助可重复利用和二次开发的 CAD 模型，可以快速创建一个交互式的 3D 仿真对象（虚拟模型）。利用数字化仿真软件开发虚拟模型的一般步骤如下：

1）建立 3D 模型组件。

2）元件属性配置。

3）元件“动作”添加。

4）仿真运行。

## 二、构建三维仿真器的主要步骤

1）通过 CAD 软件将 3D 模型导入到数字化仿真软件，以创建 3D 资源（由称为“元件”的 3D 对象组成）和用来构成 3D 虚拟机器元件的 3D 资源组件。

2）为“元件”添加“动作”，使 3D 资源具备真正的智能性，能够模拟实际资源的行为，如虚拟系统下的执行机构和传感器。

3）数字化仿真软件内的虚拟系统能够连接外部控制器（如 PLC），并进行联合仿真。

## 三、数字化仿真软件可兼容的 PLC 接口列表

## 四、数字化仿真软件的内部工作

数字化仿真软件内部工作主要分为四大部分：3D 渲染引擎、物理引擎、外部对话框以及性能和脚本。

## 五、运行 / 停止仿真模式

在数字化仿真软件中，仿真可以处于停止模式（停止和初始化仿真）或者是运行模式（运行仿真）。在运行模式下，3D 渲染引擎、物理引擎及与外部软件的对话都会被处理和运行，行为和脚本处于激活状态。

扫码看知识 23：

数字化仿真软件使用知识

扫码看视频 10：

PLC 与数字化双胞胎软件 IO 地址映射

# 附　录

**附表1 《智能制造系统集成应用（初级）》学业评价汇总表**

| 班级： | | 项目1 | | | 项目2 | | | 项目3 | | 项目4 | | | | | 项目5 | | | | | 项目6 | | | 项目7 | |
|---|---|---|---|---|---|---|---|---|---|---|---|---|---|---|---|---|---|---|---|---|---|---|---|---|
| 学号 | 姓名 | 任务1 | 任务2 | 任务3 | 任务4 | 任务5 | 任务6 | 任务7 | 任务8 | 任务9 | 任务10 | 任务11 | 任务12 | 任务13 | 任务14 | 任务15 | 任务16 | 任务17 | 任务18 | 任务19 | 任务20 | 任务21 | 任务22 | 任务23 |
| | | | | | | | | | | | | | | | | | | | | | | | | |
| | | | | | | | | | | | | | | | | | | | | | | | | |
| | | | | | | | | | | | | | | | | | | | | | | | | |
| | | | | | | | | | | | | | | | | | | | | | | | | |
| | | | | | | | | | | | | | | | | | | | | | | | | |
| | | | | | | | | | | | | | | | | | | | | | | | | |
| | | | | | | | | | | | | | | | | | | | | | | | | |
| | | | | | | | | | | | | | | | | | | | | | | | | |
| | | | | | | | | | | | | | | | | | | | | | | | | |
| | | | | | | | | | | | | | | | | | | | | | | | | |
| | | | | | | | | | | | | | | | | | | | | | | | | |
| | | | | | | | | | | | | | | | | | | | | | | | | |
| | | | | | | | | | | | | | | | | | | | | | | | | |
| | | | | | | | | | | | | | | | | | | | | | | | | |
| | | | | | | | | | | | | | | | | | | | | | | | | |
| | | | | | | | | | | | | | | | | | | | | | | | | |
| | | | | | | | | | | | | | | | | | | | | | | | | |

# 附表 2　1+X 职业技能等级证书（智能制造系统集成应用）配套系列教材（中级）目录

| 《智能制造系统集成应用（中级）》活页式教材摘要 | | |
|---|---|---|
| 载体：DLIM-441 智能制造系统集成应用平台，DLIM-DT01 数字化双胞胎技术应用平台，MES 软件，工具软件 | | |
| 建议学时：80 ～ 100 学时（课程学习）；60 ～ 80 学时（1+X 证书培训） | | |
| 学习项目 | 工作任务 / 学习任务 | 工作内容 / 学习情境 |
| 项目 1　智能制造系统仿真建模 | 任务 1　智能制造系统建模与参数设置 | 机械部件、电气元件、系统的建模、参数设置、仿真运行 |
| | 任务 2　PLC 仿真编程与调试 | 建立 PLC I/O 地址与数字化双胞胎仿真软件地址映射与信号关联，PLC 仿真编程与调试 |
| | 任务 3　工业机器人仿真编程与调试 | 建立机器人编程软件与数字化双胞胎仿真软件的通信，工业机器人仿真编程与调试 |
| | 任务 4　智能制造系统仿真运行与调试 | 系统工作过程的建模、仿真、运行和调试，包括搭建 3D 模型，I/O 变量映射关联，建立 PLC 与虚拟仿真模型、机器人与虚拟仿真模型的通信连接 |
| 项目 2　数控机床编程与调试 | 任务 5　零件数控编程与数控加工 | 零件加工工艺设计，零件加工数控编程，操作加工中心加工零件 |
| | 任务 6　在线测量装置编程与应用 | 在线测量装置的安装与调试、参数标定、工件在线测量 |
| 项目 3　工业机器人编程与调试 | 任务 7　使用 WorkVisual 配置工业机器人 | 工业机器人安全配置和 I/O 地址配置等的参数配置 |
| | 任务 8　典型工业机器人任务编程与调试 | 典型工业机器人做搬运等任务的编程与调试，工业机器人与 PLC 通信调试 |
| 项目 4　仓储单元编程与调试 | 任务 9　仓储单元机械手取放料编程与调试 | PLC 对仓储单元机械手定点取放料的编程与调试 |
| | 任务 10　基于触摸屏的仓储单元取放料编程与调试 | 触摸屏对仓储单元机械手定点取放料的编程与调试 |
| 项目 5　智能制造系统生产管理 | 任务 11　数字化设计与管理 | 根据任务书给定 2D 图进行 3D 图设计，编制零件加工工艺与加工程序，进行 MES 文件管理 |
| | 任务 12　智能制造系统设备管理 | 应用 MES 进行设备管理，包括数控加工、摄像头、机床刀具、机器人、物料仓储、AGV 等的参数、视频的数据采集与可视化 |
| | 任务 13　订单管理与生产管理 | 操作 MES 软件生成 EBOM/PBOM，用 MES 订单排程和生产管理 |
| 项目 6　智能制造系统故障检修 | 任务 14　数控机床常见报警故障处理 | 数控机床常见故障的检查、分析和处理 |
| | 任务 15　工业机器人常见报警故障处理 | 工业机器人故障分析与诊断，报警代码及处理 |
| | 任务 16　智能制造系统故障发现与处理 | 智能制造系统机械故障发现及处理，电气故障发现及处理 |

# 附表 3 1+X 职业技能等级证书（智能制造系统集成应用）配套系列教材（高级）目录

**《智能制造系统集成应用（高级）》活页式教材摘要**

载体：DLIM-441 智能制造系统集成应用平台，DLIM-DT01 数字化双胞胎技术应用平台，MES 软件，工具软件

建议学时：80 ～ 100 学时（课程学习）；60 ～ 80 学时（1+X 证书培训）

| 学习项目 | 学习任务 | 工作内容 |
|---|---|---|
| 项目 1 智能制造系统集成设计 | 任务 1 智能制造系统生产工艺流程规划 | 根据零件图和生产要求，规划智能制造加工工艺流程 |
| | 任务 2 智能制造系统控制方案设计 | 根据生产工艺流程，设计零件加工智能制造系统控制方案，包括各工序系统控制方案 |
| | 任务 3 智能制造系统集成规划与设备配置 | 根据产品、工艺、控制要求，进行系统集成规划与设备配置，包括对工业机器人、数控机床、主控 PLC、立体仓储、AGV、RFID、工业视觉系统、在线测量等选择与集成 |
| 项目 2 智能制造系统编程与调试 | 任务 4 主控 PLC 与 RFID 通信编程 | 安装及设置 RFID 读写器，通过 PLC 组态及编程实现对电子标签信息读写通信 |
| | 任务 5 主控 PLC 与 AGV 通信编程 | AGV 路径规划，运行程序写入和通信，路径测试 |
| | 任务 6 视觉系统编程与调试 | 视觉系统的工业相机标定、光源亮度调整，视觉系统程序编写，物料智能识别 |
| | 任务 7 PLC 与工业机器人、视觉系统联合调试 | 视觉与工业机器人通信程序编写，信息反馈与控制，基于形状识别的工业机器人编程与调试 |
| 项目 3 智能制造系统联合调试 | 任务 8 智能制造系统 IP 地址分配与测试 | PLC、触摸屏、MES 等系统控制器与数控机床、工业机器人、AGV、立体仓库、工业相机等各设备单元的 IP 地址分配与测试 |
| | 任务 9 主控 PLC 与各单元之间互联与编程调试 | 主控 PLC 控制各个单元工作的编程，单机运行调试，全线联调 |
| | 任务 10 MES 与各单元之间系统联调 | MES 通信、信号采集，MES 对各单元的控制，与各单元之间的系统联调 |
| 项目 4 智能制造系统智能加工与生产管控 | 任务 11 智能制造系统设备管理与生产统计 | 操作 MES 系统进行设备管理、生产统计，分析设备运行状况 |
| | 任务 12 MES 排程与加工管理 | 用 MES 通过手动排程和自动排程方式下单，进行基础管理、订单管理、仓储管理、设备管理 |
| | 任务 13 优化系统生产节拍 | 计算生产节拍、生产运行效率，调整 PLC 控制、机器人路径、数控机床效率，优化工艺流程和节拍 |
| | 任务 14 智能制造系统仿真运行管理 | 在数字双胞胎系统进行 3D 模型导入，I/O 信号关联，通信连接 PLC、机器人、MES，进行调试和管理 |
| | 任务 15 产品生命周期管理认知 | 产品全生命周期管理基本内容、应用特点，西门子 Teamcenter 软件安装，用户设置、业务对象、数据查询、工作流程等系统操作，项目风险管控、方案优化 |
| 项目 5 智能制造系统质量控制 | 任务 16 零件精度检测 | 在线测量装置，复杂零件加工精度检测，在线测量系统运行 |
| | 任务 17 零件误差补偿 | 加工误差原因分析，零件误差补偿方法 |
| | 任务 18 零件加工工艺优化 | 用加工参数调整等方法优化加工工艺，工艺分析及加工参数选择 |

（续）

| 《智能制造系统集成应用（高级）》活页式教材摘要 | | |
|---|---|---|
| 学习项目 | 学习任务 | 工作内容 |
| 项目6　智能制造系统维护管理 | 任务19　智能制造系统维保手册编制 | 技术维护手册的编制规范、编制要求、内容构成，以及系统操作手册、维护保养手册、安全操作规范、使用说明书等技术资料 |
| | 任务20　智能制造系统网络通信故障排查与维修 | 系统中常见故障的诊断、排查及维修方法，包括PLC通信、MES系统通信、触摸屏通信、硬件连接时可能出现的软硬件故障 |
| | 任务21　智能制造系统运行与维护 | 系统中数控机床日常维护、工业机器人编码器电池维护、AGV移动机器人电源维护等常规电气元件的维护，安全文明生产 |
| | 任务22　智能制造系统各工作单元、MES服务器日常管理 | 工业机器人、电气设备、MES等系统各工作单元的安全检查、维护保养、异常情况处理，包括通信连接、运行状态、安全装置、数据管理等 |

# 参考文献


[1] 济南二机床集团有限公司 . 智能制造系统集成应用职业技能等级标准 [Z]. 2021.

[2] 中德栋梁教育科技集团 . DLIM–441 智能制造系统集成应用平台 [Z]. 2020.

[3] 王亮亮 . 全国工业机器人技术应用技能大赛备赛指导 [M]. 北京：机械工业出版社，2017.

[4] 谭志彬 . 工业机器人操作与运维教程 [M]. 北京：电子工业出版社，2020.

[5] 钟苏丽，刘敏 . 自动化生产线安装与调试 [M]. 北京：高等教育出版社，2017.

[6] 穆国岩 . 数控机床编程与操作 [M]. 3 版 . 北京：机械工业出版社，2020.

[7] 王士军，董玉梅 . 数控机床故障诊断与维修 [M]. 北京：科学出版社，2018.

[8] 郑维明 . 智能制造数字孪生机电一体化工程与虚拟调试 [M]. 北京：机械工业出版社，2020.

[9] 中德栋梁教育科技集团 .DLIM–DT01B 数字化双胞胎技术应用平台手册 [Z]. 2020.

[10] 韩相争 .PLC 与触摸屏、变频器、组态软件应用一本通 [M]. 北京：化学工业出版社，2018.

[11] 刘敏，钟苏丽 . 可编程控制器技术项目化教程 [M]. 2 版 . 北京：机械工业出版社，2011.

[12] 王爱民 . 制造执行系统（MES）实现原理与技术 [M]. 北京：北京理工大学出版社，2014.

[13] 黄培 . MES 选型与实施指南 [M]. 北京：机械工业出版社，2020.

[14] 黄志坚 . 电气伺服控制技术及应用 [M]. 北京：中国电力出版社，2016.

[15] 任志斌，林元璋，钟灼仔 . 交流伺服控制系统 [M]. 北京：机械工业出版社，2018.

[16] 中德栋梁教育科技集团 .DLRB–342910 桌面 AGV 说明手册 [Z]. 2019.